胡冬萍 著

基于负超几何分布的
十进制分组加密

清华大学出版社

北京

内 容 简 介

本书系统地研究了基于负超几何分布的十进制分组加密方案，重点阐述如何基于负超几何随机变量的抽样算法构造十进制的分组密码。全书共 6 章：第 1 章讨论十进制分组密码研究的发展历程，分析各个时期十进制密码系统的特点；第 2 章介绍负超几何分布的三种近似，分别讨论三种近似的近似精度和适用范围；第 3 章介绍负超几何随机变量的两种抽样算法，包括高效抽样算法和精确抽样算法，分析抽样算法的效率并证明抽样算法的正确性；第 4 章介绍如何利用负超几何随机变量的高效抽样算法在小型整数集合上构造可证明安全的伪随机置换和十进制短分组密码，并证明安全等级；第 5 章介绍基于用负超几何随机变量的精确抽样算法构造十进制保序加密方案的过程，证明密码方案的安全等级并分析方案执行效率；第 6 章展望未来研究方向。

本书适合高等院校信息安全相关专业的高年级本科生或研究生阅读，也可作为信息安全专业工程技术人员的参考用书。

图书在版编目（CIP）数据

基于负超几何分布的十进制分组加密/胡冬萍著. —北京：清华大学出版社，2018（2018.11重印）
ISBN 978-7-302-48236-9

Ⅰ．①基…　Ⅱ．①胡…　Ⅲ．①加密技术　Ⅳ．①TN918.4

中国版本图书馆 CIP 数据核字（2017）第 209822 号

责任编辑：王一玲
封面设计：常雪影
责任校对：梁　毅
责任印制：李红英

出版发行：清华大学出版社
　　　　　网　　址：http://www.tup.com.cn，http://www.wqbook.com
　　　　　地　　址：北京清华大学学研大厦 A 座　　邮　　编：100084
　　　　　社 总 机：010-62770175　　　　　　　　邮　　购：010-62786544
　　　　　投稿与读者服务：010-62776969，c-service@tup.tsinghua.edu.cn
　　　　　质量反馈：010-62772015，zhiliang@tup.tsinghua.edu.cn
印 装 者：三河市铭诚印务有限公司
经　　销：全国新华书店
开　　本：155mm×235mm　　印　张：10　　　　字　　数：101 千字
版　　次：2018 年 10 月第 1 版　　　　　　印　　次：2018 年 11 月第 2 次印刷
定　　价：89.00 元

产品编号：073820-01

前言 FOREWORD

密码技术是信息安全的核心技术,它解决了信息的保密性和认证性问题,在身份识别、完整性保护和安全隔离等方面有着不可替代的重要作用。随着信息网络的飞速发展,越来越多的网络应用,如基金证券交易、支付宝业务、网上银行和在线购物等,都引入加密技术来保证信息的安全。

分组密码因算法简单、加解密速度快和易于实现的特点,被广泛使用。当前分组密码的研究多集中于对二进制明文进行加解密,而与十进制明文相关的研究成果并不丰富。笔者注意到网络应用中常常要对一些重要的编号类敏感信息,如身份证号、信用卡号、社会保险号和银行账号等十进制数进行加密保护,在此背景下传统的基于二进制数的分组加密算法不能满足需求。

笔者从概率论中借工具,建立负超几何随机变量和十进制分组加密设计间的联系,首次提出负超几何分布的高精度近似和连续型近似,在此基础上设计负超几何随机变量的两种抽样算法,分别基于这两种抽样算法设计十进制短分组加密方案和十进制保序加密方案,严格证明方案的正确性和安全等级。本书的研究工作为使用其他类型概率分布来设计加密方案提供新的思路和参照。

本书的出版得到江西财经大学和国家自然科学基金项目(No. 61702238,No. 61762043,No. 61661022,No. 61262011)的资助。在写作过程中得到崔国华教授、付才副教授、韩兰胜副教授、汤学明副教授、崔永泉博士和曾兵博士等的支持和帮助,在此表示衷心的感谢。在出版过程中得到江西财经大学科研处、江西财经大学软件与物联网工程学院和清华大学出版社的大力支持,在此一并表示感谢。

本书由胡冬萍独立完成。书中算法的代码实现由硕士徐传映和硕士刘帅完成,在此向他们表示感谢。

由于笔者的研究阅历与学术水平的局限,书中难免存在疏漏甚至错误之处,敬请读者批评和指正。

胡冬萍
2018 年 3 月

CONTENTS

第1章

绪 论

密码学(Cryptography)是研究机密性、身份认证、数据源认证、数据完整性等信息安全相关的数学技术的学科[1]。在互联网时代,用户对信息的安全存储、安全处理和安全传输的需求越来越迫切,特别是随着支付卡行业 PCI(Payment Card Industry)数据安全标准 DSS(Data Security Standard)[2]的提出与应用,以及消费者个人隐私保护意识的提高,一些行业(如金融业、保险业)的大型数据库中敏感信息的安全保护问题就显得很重要,现代密码技术是解决这一问题的主要手段之一。

1976 年 Diffie 和 Hellman[3]发表的文献《密码学的新方向》和 1977 年美国国家标准局(NBS)正式公布的数据加密标准 DES(Data Encryption Standard)[4],标志着现代密码学的诞生。1985 年,Simmons[5]根据密钥的特点将现代密码体制分为对称密码体制(Symmetric Cryptosystem)和非对称密码体制(Asymmetric Cryptosystem)。对称密码体制又称为私钥密码体制,在该体制中,加密密钥和解密密钥相同,消息的发送方和接收方必须有安全的共享公钥。非对称密码体制又称为公钥密码体制,与对称密码体制不同的是该体制中加密密钥和解密密钥不同,发送方和接收方不需要安全地交换密钥。但对称密码体制有以下三大优势:

(1)算法简单,加解密速度要比非对称密码体制快很多,一般快到2~3个数量级。

(2)硬件和软件的实现上要比非对称密码容易得多,且易于标准化,例如美国国家标准局1997年公布的 AES(Advanced Encryption Standard)[6]和2000年欧洲启动的 NESSIE(New European Schemes for Signatures, Integrity and Encryption)[7]都是数据加密的工业标准。

(3)广泛应用于数据安全领域和网络通信领域。例如,PGP(Pretty Good Privacy)[8]就是一种广泛应用于 Internet 中 Email 系统的一种安全技术方案,它的安全性就是利用对称密码算法 IDEA[9]来保证的。

因此,对称密码体制的研究有着重要的意义。

按加密方式的不同,对称密码体制分为流密码(Stream Cipher)和分组密码(Block Cipher)。流密码是对明文消息按字符逐位的加密,具体是利用伪随机发生器生成密钥流,并把明文和密钥流相异或得到密文。在分组密码中,将明文消息分成等长的块,每块含有多个字符,按组来逐组加密。分组密码是对称密码学的一个重要分支,它既是消息认证技术、数据完整性机制、实体认证协议的核心密码算法,又可以作为基础模块用于构造哈希函数、流密码和伪随机生成器等[10]。在信息系统安全和计算机通信领域,常常使用分组密码实现大批量数据加密[11]。

1.1 分组密码

一个典型的分组密码通常由加密算法、解密算法和密钥生成算法组成,它通过密钥将固定长度的明文转化为相应的密文,或者固定长度的密文转化为相应的明文。

本节假设明文 x 和密文 y 均为二元数字(0 与 1)序列。设 F_2 表示二元域,F_2^s 表示 F_2 上的 s 维向量空间,假定明文空间和密文空间均是 F_2^n,密钥空间 K 是 F_2^l 上的一个子集合,明文和密文的长度为 n 比特,密钥的长度为 l 比特。一个在二元域上构造的分组密码的定义如下[12]

$$E: F_2^n \times F_2^l \to F_2^n, \quad D: F_2^n \times F_2^l \to F_2^n$$

上述两个映射满足对任意 $k \in F_2^l$,$E(\cdot, k)$ 和 $D(\cdot, k)$ 都是 F_2^n 上的置换,并且互逆。

通常称 $E(\cdot, k)$ 为密钥 k 的加密函数,称 $D(\cdot, k)$ 为密钥 k 的解密函数。分组密码真正的密钥规模 l 被定义为

$\log_2 |K|$ 比特,因而密钥长度等于真正的密钥规模当且仅当 K 等于 F_2^l,则 l 就是密钥长度,n 称为分组密码的分组长度。

分组密码的加密算法 $E(\cdot, k)$ 和解密算法 $D(\cdot, k)$ 通常采用迭代结构完成,将轮密钥控制下的变换进行若干轮迭代以提供足够的安全性[13],即

$$y = E(x,k) = F_{k_r} \circ F_{k_{r-1}} \circ \cdots \circ F_{k_1}(x)$$

$$x = D(y,k) = F_{k_1}^{-1} \circ F_{k_2}^{-1} \circ \cdots \circ F_{k_r}^{-1}(y)$$

其中,$F_{k_i}(\cdot)$ 是轮变换,$F_{k_i}^{-1}(\cdot)$ 为轮变换的逆变换,k_1, $k_2, \cdots, k_r$ 为轮密钥,由种子密钥 k 通过密钥扩展算法生成。

注意到 F_2^n 上的置换数目为 $2n!$,而一个分组密码的长度为 l 的密钥最多只能有 2^l 个,l 不能太长,一般情况下,$2^l \ll 2n!$,$E(\cdot, k)$ 就是 F_2^n 上的全体置换所构成的集合中的一个子集合。

目前分组密码设计主要遵循 Shannon[14] 提出的混乱原则和扩散原则。混乱原则指设计的密码应使得密钥与明文密文之间的依赖关系非常复杂,对密码分析者来说,无法利用这种依赖关系来恢复密钥。而扩散原则强调的是即使输入位的微小改变也将导致输出位的多位变化。在整体结构设计时,密码算法的设计者更倾向于选取可提供"可证明安全"的结构。1988 年,Luby 和 Rackoff[15] 首次给出 Feistel 结构的可证明安全模型和结果,模型中假设敌手拥有无限的存储和计算资源,唯一受到限制的是敌手可能获得的数据资源,即明文密文数目。文中结论指出,如果轮函数是相互之

间独立的伪随机函数，当 $q \ll 2^{\frac{n}{2}}$ 时，4 轮 Feistel 结构密码是伪随机置换，能抵挡各种选择密文攻击和选择明文攻击。文献中对 Feistel 结构的超伪随机性和伪随机性的证明是第一个对分组密码结构的可证明安全理论研究。

在软件实现和硬件实现上，对分组密码的设计要注意以下四点[16]：

（1）分组长度 n 要足够大，防止明文穷举攻击。

（2）密钥量要足够大。根据 Kerckhoffs 原则[17]，一个安全的加密方案应该是在除密钥之外的其他信息都公开的情况下仍然是安全的。因此，对一个分组密码进行攻击目的就是得到密钥。如果恢复密钥的复杂度为 2^l 次加（解）密运算，即需要穷举所有密钥才能恢复出正确的密钥，则称一个分组密码是安全的。

（3）由密钥确定的置换算法要足够复杂使得密钥和明文的扩散和混淆足够充分，能抵挡各种已知的攻击，如线性攻击[18]和差分攻击[10]。

（4）加密过程和解密过程要便于软硬件的实现。

1.2　十进制分组加密的研究意义

传统的分组加密算法，如目前常用的 DES、AES、IEDA 和 Camellia[20]等均针对二进制数进行设计，即明文和密文都为二进制数。但在日常生活和实际生产中人们常常用十进制数,而且在许多数据库应用和网络通信中经常要对这些信息进行加密,特别是对一些重要的编号类敏感信息(如身份证号、信用卡号、社会保险号和银行账号等)这些短的十进制数进行加密,在这种情况下基于二进制的分组加密算法就不能满足要求。当然,可以先将十进制明文转换二进制数,然后使用分组加密算法得到二进制密文,最后将密文转换成十进制,但这种操作会产生下面一些问题。

(1) 密文无法表示最大信息量。

通过进制转换得到的十进制数密文无法表示出最大信息量,例如一个 24 位十六进制数转换成十进制数后,取值范围为 0~4 294 967 295,最高位数可能的取值为 0、1、2、3、4,不能取 5、6、7、8、9 这五个数,因此能表示的信息量只有最大值的一半还不到。一个分组密文只有表示最大信息量时,才能充分利用该分组有限的位数,从而达到节省存储开销的目的。

(2) 加密后数据被扩充,破坏用户定义的数据完整性约束。

采用传统的分组加密对数据库中的十进制数进行加密,通过第一次进制转换得到的密文通常会扩展原始明文数据的长度。举例说来,使用一轮 DES 对 1 2 3 4 5 6 7 8 9 10 11 12 13 14 15 这 21 位数进行加密,假设明文和密钥有相同的位模式,先用进制转换得到这 21 位数的二进制表示,分别为

0000 0001 0010 0011 0100 0101 0110 0111 1000 1001 1010 1011 1100 1101 1110 1111，一轮 DES 后得到的密文为 1111 0000 1010 1010 1111 0000 1010 1010 0101 1110 0001 1100 1110 1100 0110 0011，将这个密文转换成十进制密文为 15 0 10 10 10 10 5 14 1 12 14 12 6 3，数据长度由 21 位变成 23 位，破坏用户定义的数据完整性约束，有可能导致现有的数据库存储异常或数据处理异常。

（3）计算负载增加，系统效率降低。

随着大数据的建立和应用，明文空间呈现越变越大的趋势，在这个背景下加密前和解密后的两次进制转换操作计算量巨大，势必最终影响系统性能，而且进制转换需要额外的存储空间，引起存储或通信负载的增加。

（4）检索性能下降。

数值型数据在加密后，不再具有原先的任何数值特征。因此，在数据库密文之间也不再具有其对应明文之间的关系，要执行精确查询或者范围检索必须解密数据库中对应字段的所有密文，从而造成非常大的数据解密冗余。同时数据库中常用到的关系运算，如数值比较（大于、小于和等于比较），求最大值（或最小值）等最常用的操作不再被支持。再加上实际应用中数据量通常非常大，解密过程中的数据传输开销和计算开销都会极大降低系统效率。

使用十进制短分组加密可以很好地克服传统分组加密方案的上述（1）～（3）点的不足。它与 DES、AES 和 IDEA 等分组密码不同的是：加解密过程中生成的密文及各个中间状态都和明文处于相同的消息空间，均为消息空间 Z_N，$Z_N = \{0, 1, \cdots, N-1\}$ 内的元素。而十进制保序加密能很好地克服传统分组加密方案的上述第(4)点的不足。这两种加密方案的优势具体体现在以下几个方面。

（1）无须改变现有的数据库模式。

在数据库中，信用卡号或社会保险号等信息通常以整型类型存放在数据表中。使用十进制短分组加密对这些数据进行加密，加密后数据的长度和类型等均没有发生改变，密文能直接存储和读取，无须改变现有物理数据库的结构或设计模式。

（2）极少改动现有的软件系统。

十进制短分组加密对整型数据加密后，数据长度和类型不发生改变，现在正在运行的软件系统不需要做大改动来适应数据长度和类型的变化，只要加一小段加解密代码就可以达到信息保护的目的，实现系统改造的成本极小化，保证加密方案在应用中的适应性。

（3）能用来进行数据遮蔽。

一般情况下，大型商业应用在部署之前，需要对产品数据库进行大量的测试。生产环境中的数据需要进行转换或克隆操作生成和原始数据关联或者是格式相同的数据，输出到测试环境，进行功能测试和模拟测试。在测试环境中，个人识别信息（如身份证号、银行卡号和社会保险账号等）

需要保持与原始数据长度和格式的一致,这样克隆出来的数据库中的数据完全等同于实际生产库中的数据,这些克隆数据看起来像真实数据,其实是已经做了修改的假数据,从而保护了隐私信息安全。十进制短分组加密可以达到上述目的,进行数据遮蔽,用于解决测试环境中的数据安全问题[21]。

（4）不影响数据库系统的原有功能,保持对数据库的查询和检索操作的灵活性和简便性。

本质上来说,数据库系统的性能需求和安全需求是冲突的,因为所有的安全措施都必须占用一定的系统开销。从数据库系统的角度来看,整体设计必须是安全性和性能之间的折中,即要求在对数据库系统性能影响可接受的条件下对数据进行加密,不影响数据库系统的原有功能,保证数据自定义完整性的约束。十进制保序加密方案是能满足上述约束的一种加密方案,它对数值型字段进行加密,明文被加密后生成的密文仍然是十进制数且保持了对应明文间的大小关系。在此基础上,对密文数据库的有效查询变得非常容易,同时支持对密文数据库的多种关系运算,特别适用于云计算环境中的大型数据库,具有很强的实用性和高效性。

通过以上讨论,不难发现对十进制分组加密的研究是当前密码学界的热点问题,在该领域开展研究具有重要的意义,包括理论价值及实际应用价值两个方面。

1.3 十进制分组加密的研究概论

本书的研究对象是十进制分组密码,具体分为十进制短分组加密研究和十进制保序加密研究。

1.3.1 十进制短分组加密

2002 年,Black 和 Rogaway[22]首次研究小型整数集上分组加密的问题,提出了三种构建方法: Prefix 法、Cycle-Walking 法和 Generalized-Feistel 法。Prefix 法先在内存中建立一个随机的置换表,然后利用该置换表对整数集 $X=\{0,1,\cdots,N-1\}$,$N\leqslant 10^6$ 中的数据进行加密和解密操作。具体过程如下[23]: 为了建立置换表,采用分组密码 E,其对称密钥为 $k\in K$,其中 K 为密钥空间,计算如下元组 $I=(E_k(0),E_k(1),\cdots,E_k(N-1))$。由于 I 中每个分量 $E_k(i)$,$i\in Z_N$ 是二进制符号串,所以能按照大小关系对 $E_k(i)$ 进行排序,由此得到 $E_k(i)$ 对应的排序值 r_i,对元组 I 进行变换,把 $E_k(i)$ 换成其对应的 r_i,这样得到元组 $J=(r_0,r_1,\cdots,r_{N-1})$,$J$ 就是消息空间 Z_N 上的一个置换表: 给定任意明文 $x\in Z_N$,J 中相同序号的分量 r_x 就是其对应的密文。尽管 Prefix 法比较简单,但是实际应用中常常需要对密钥进行更新,这就要重新建立置换表,因此有必要在特定环境中对密码使用调整因子。文献[24]对 Prefix 法进行改进,将调整因子 t 引入加密过程中,密文 $y=E_k((E_k+t)\bmod N)$,这种方法通过更改加密函数的方法来避免密钥更新。尽管 Prefix 方法的加密和解密速度非常快,但它只适用于较小的有限整数集合,因为在较大消息空间上建立置换表会耗费较多的空间和时间,而且 Prefix 方法只能抵挡攻击者的 q 次问询,$q\ll N$,因此 Prefix 方法的实际适用范围并不广[25]。

Cycle-Walking 法其原理是利用 AES 或 3DES[26]等分组密码对中间值进行处理,直到输出的密文在可接受的范围内。使用 Cycle-Walking 方法对明文 x 加密,$x\in\{0,1,\cdots,N-1\}$,$10^{16}\leqslant N\leqslant10^{19}$,密钥为 k。选用分组密码 E 加密得到 $y=E_k(x)$,如果 $y\in\{0,1,\cdots,N-1\}$,则返回 y;否则循环执行 $y=E_k(y)$,直到生成的 y 属于区间 $\{0,1,\cdots,N-1\}$。在执行效率上,利用 Cycle-Walking 法加密一个明文可能需要多次调用分组密码 E 而导致性能降低。在安全性上,Cycle-Walking 方法只能抵挡攻击者的 q 次问询,$q<\sqrt{N}$。

Generalized-Feistel 方法基于 Feistel 网络来构建符合分组大小为 $2w$ 的分组密码,同时结合 Cycle-Walking 法使输出的密文在可接受的范围内。它先定义一个基于 Feistel 网络的对称密码 $E(x)$,接着对 $E(x)$ 进行如下计算:$y=E(x)$;while($y>N$),the $y=E(y)$。文献[22]证明当攻击者拥有明文密文对少于 $2^{\frac{w}{2}}$ 时,基于 Generalized-Feistel 法构造的分组密码足够安全。2004 年，Patarin[27] 扩展了文献[22]中的结论，用更多轮的 Feistel 运算替代原来的 3 轮运算，证明了敌手最少要拥有 2^w 的明文密文对时才可能攻破加密方案。

2007 年，Granboulan 和 Pornin[28] 基于 Knuth Shuffle 法构造了大小为 N 的十进制数据集上的随机置换，其中 $10^3 \leqslant N \leqslant 10^{20}$。与 Feistel 网络构建的十进制分组加密方案不同，GP 置换中 N 值大小任意，而不仅限于偶数。加密算法的输入是个可以搜索的比特流，文献[28]中证明如果该比特流是真随机的，那么加密算法就是 N 个数上的真随机置换，能够抵挡攻击者的 N 次问询。尽管 GP 方案有强的安全性，但是每次加密效率低下，需占用 $O(\log_2 N)$ 的存储空间和 $O((\log_2 N)^3)$ 的 CPU 时间。

2009 年，Morris 和 Rogaway 在文献 *How to Encipher Messages on a Small Domain：Deterministic Encryption and the Thorp Shuffle*[30] 中针对较小整数集的分组($10^6 \leqslant N \leqslant 10^{15}$)加密，提出了基于 Thorp Shuffle 的解决方案，文章分析了 Thorp Shuffle 的安全性，指出 Thorp Shuffle 本质上是非平衡 Feistel 网络，对 n 比特的字符进行 $O(r)$ 轮非平衡 Feistel 运算后能抵抗攻击者 $2^{n(1-\frac{1}{r})}$ 次问询，从而达到 CCA 安全。

1.3.2 十进制保序加密

十进制保序加密研究最早可追溯到 2002 年，Bebek 在文献[31]中提出了一种加密算法,该算法让伪随机发生器生成的整数序列加上明文 p 得到密文,通过这种方法保持明文间的大小顺序。

Özsoyoglu G 等人[32]在 2003 年构造了一种数据库加密策略,该策略使用伪随机发生器 $c = \sum_{j=0}^{p} R_j$ 来生成密文,它可以在明文差值和密文差值间保持一定比例,从而保持整型数值间的顺序。

2004 年,Agrawal 等人[33]首次提出了保序加密 OPES (Order Preserving Encryption Scheme)的概念并针对十进制整型数设计了一个保序加密策略。策略将要加密的数据分区,一个分区称为一个"桶"(Bucket),桶内的数据服从某一目标函数的概率分布,桶间明文的顺序加密后被保持,即对于明文中的任意两个文 p_i, p_j,且 p_i, p_j 分别属于不同的桶,满足 $p_i < p_j$,那么对应的密文 c_i 和 c_j 满足 $c_i < c_j$。这种加密策略能保持数值的有序性,它允许精确查询、范围查询、求最大值、求最小值等操作直接作用在密义数据上。尽管 Agrawal 等人首次提出了保序加密的概念,但没有从密码学的角度分析加密策略的安全性,而且当明文空间较大时"桶划分"的计算量很大,另一方面面对已知明文攻击时,如果敌手手中有的输出分布的"桶"中的点与对应的输入分布中的"桶"中的点个数足够多时,就可以破解加密算法。

2009 年,Boldyreva 等人[34]首次从密码学角度研究了保序加密的问题,第一次形式化地给出了保序加密的安全性定义并构造了一种满足安全目标的加密策略。文献[34]指出保序加密是一种确定的对称加密，所以无法达到 IND-CPA 安全。针对该特点作者随后提出了 IND-OCPA(选择有序明文对攻击下的计算不可区分)的概念，并构造了攻击游戏，在游戏中攻击者访问预言机时的输入必须是一对有序的明文。Boldyreva 等人证明保序加密不能达到 IND-OCPA 安全，除非密文空间大小是明文空间大小的指数次方。为了定义保序加密的安全目标，作者提出了一种比 IND-OCPA 更"弱"的安全定义——选择密文攻击下的伪随机保序函数 POPF-CCA (Pseudorandom Order-Preserving Function Against Chosen-Ciphertext Attack)安全，即要求敌手无法区分是保序加密算法还是消息空间集合中的一个随机抽取的保序函数 ROPF(Random Order-Preserving Function)。文中基于折半查找法和超几何分布的抽样算法构造了满足 POPF-CCA 的保序加密算法(本文称为 BCLO 方案)。Boldyreva 等人[35]在 2011 年对 OPES 的安全性进行进一步的分析，指出 OPES 不仅泄露了明文间的大小顺序，还泄露了明文间的相对距离大小。

2013 年，Popa 等人[36]首次提出了满足 IND-OCPA 安全等级的保序加密方案，除了明文间的顺序，方案中的密文并不泄露其他任何明文信息，因而 Popa 方案称为是"理想"的保序加密方案。尽管安全等级非常高，但是 Popa 方案并不能在密文上直接执行比较和范围查询操作，而是需要数据库服务商存储额外的信息来完成上述操作,这导致密文比较和查询效率低。

2015 年,Hwang 等人[37]基于均匀分布随机变量的抽样算法构造了一种快速保序加密方案,该方案比文献[34]中的 BCLO 方案加解密效率高,而且加解密算法运行速度快。针对密文保序的目的,Liu 等人[38]、Kadhem 等人[39]、Yum 等人[40]以及 Lee 等人[41]均提出不同的构造方案,但是这些方案中除了明文间的顺序外,密文均泄露了明文其他方面的信息。

其他方面,Rivest 等人[42]于 1978 年提出一种基于秘密同态(Privacy Homomorphisms)的数据库加密策略,其思想是将明文数值的算术运算转化为相应密文数值的算术运算,这样对密文数据库检索的复杂度就与对明文数据库检索的复杂度相当。1987 年,Ahituv 等人[43]提出利用线性方程组来破解基于秘密同态技术的数据库加密。1996 年,i Ferrer[44]提出了一种改进的基于秘密同态技术的数据库加密策略,该策略能有效抵抗已知明文攻击。2009 年,Gentry[45]提出了一种在理想格上构造的全同态加密(Fully Homomorphic Encryption)加密方案,这种方案保证对密文进行某一种操作得到的结果解密后与直接对相应的明文进行某一操作的结果一致。2010 年,VanDijk 等人[46]在整数集上构建了全同态的加密算法。2015 年,Cheon[47]基于中国剩余定理在整数集合上构造了一个安全的全同态加密算法,并证明了该算法能抵抗敌手的选择明文攻击,但 Cheon 提出的全同态加密算法,算法执行效率不高。尽管同态加密既能保证数据的安全又能实现对密文数据库的检索,但到目前为止,真正能实用的全同态加密算法还没有出现。

1.4　本书研究内容

本书的研究内容包括以下 6 个方面。

(1) 分析负二项分布和负超几何分布间的关系,提出负超几何分布的一种改进的负二项近似,给出近似误差的解析式,在此基础上,基于乘抽样法设计负超几何随机变量的一种高效抽样算法,分析算法的抽样效率。

(2) 对(1)中的结果进一步深入研究,把斯特林公式应用到对负超几何分布概率表达式的阶乘近似中,通过公式变换得到负超几何分布的一种高精度负二项近似。该近似当 N 值较小(如 $N \leqslant 100$)时,与负超几何概率值的误差小于 10^{-13}。

(3) 分析负超几何分布和伽马分布间的关系,建立几何分布、负二项分布、负超几何分布、指数分布和伽马分布五种分布间的联系。在此基础上,提出有限个负超几何随机变量和的一种伽马近似,基于舍选抽样法设计负超几何随机变量的一种精确抽样算法。

（4）对 Knuth Shuffle 置换原理进行分析，设计一种新的随机置换的构造方法，即"选取-交换-混淆"法。基于该方法，把（1）中设计的高效抽样算法作为工具，在集合 Z_N 上构造一种随机置换，严格证明构造方法的正确性并进行安全性分析，分析表明该随机置换生成集合上任意一种完美置换的概率都为 $\dfrac{1}{N!}$。

（5）把（3）中设计的精确抽样算法作为工具，在集合上 Z_N，$10^9 \leqslant N \leqslant 10^{20}$ 构造一种十进制短分组加密方案 NHG-SBC。对方案进行安全性分析，分析结果表明该方案是短分组上的一个伪随机置换，能抵抗敌手的 N 次问询，且适用于 N 值为任意的应用。NHG-SBC 方案解决了基于 Feistel 网络构建的分组密码不适用小型整数集合的问题。

（6）对 BCLO 加密方案进行改进，把（4）中设计的精确抽样算法作为工具，设计一种基于负超几何分布的十进制保序加密方案 NHG-OPES。与 BCLO 方案相比，新方案加解密算法的效率提高 5 倍。

基于上述研究内容，本书结构安排如下。

第 1 章，简要介绍分组密码的基本知识，十进制分组加密的研究意义和研究概况。

第 2 章，提出了负超几何分布的一种改进的负二项近似，推导出近似误差的量阶为 $O\left(\dfrac{1}{N^2}\right)$，从公开文献看，这是首次评估负超几何概率分布近似的误差，算例结果表明改进的负二项近似的收敛速度明显高于"经典的"负二项近似。提出了负超几何分布的一种高精度负二项近似,给出了近似误差的解析式,算例结果表明,高精度负二项近似能以任意精度逼近负超几何分布。建立了几何分布、负二项分布、负超几何分布、指数分布和伽马分布五种分布之间的联系,在此基础之上,提出了 k 个同负超几何分布且相互独立的随机变量和的一种伽马近似。从公开文献看,这是首次提出负超几何随机变量和的连续型近似,计算结果表明当 $N \geqslant 10^2$ 时,误差小于或等于 10^{-6},且误差随着 N 值的增大而快速减小。

第 3 章,以乘抽样法为理论,基于第 2 章提出的改进的负二式近似,构造了一种高效的负超几何随机变量抽样算法,分析了算法的执行效率。以舍选抽样法为理论,基于第 2 章提出的 k 个独立的负超几何随机变量和的伽马近似,构造了负超几何随机变量精确抽样算法,证明了抽样算法的正确性并分析了算法的执行效率。

第 4 章,基于 Knuth Shuffle 置换原理,把第 3 章提出的负超几何随机变量的高效抽样算法作为工具,在整数集合 $\{0,1,\cdots,N-1\}$ 上构造了一种随机置换,证明了构造方法的正确性。对提出的随机置换进行修改,利用一种带密钥的且输入输出长度均可变的伪随机函数来生成随机置换中的随机流,在集合 Z_N,$10^9 \leqslant N \leqslant 10^{20}$ 上构造了一个十进制短分组加密方案 NHG-SBC,安全性分析表明新的加密方案是集合上的一个伪随机置换,达到了伪随机置换安全,能抵抗敌手

的 N 次问询。分析了方案的执行效率,指出每加密一个明文,NHG-SBC 加密算法的计算开销为 $O((\log_2 N)^2)$,存储开销为 $O(\log_2 N)$,比较了新方案与以往同类方案的优缺点。

第 5 章,基于二分搜索法,把第 3 章提出的负超几何随机变量的精确抽样算法作为工具,在整数集合 $\{1, 2, \cdots, N\}$ 上构造了一种十进制保序加密方案 NHG-OPES,该方案本质上是一个分组加密方案。证明了方案的安全性,分析了方案的执行效率,并比较了它与以往同类方案的优缺点。

第 6 章,对进一步的研究工作进行了展望。

负超几何分布的三种近似

本章首先推导负超几何分布的一种改进的负二项近似，当 N 值固定时，给出了改进的负二项近似的误差解析式和算例的计算结果。为了寻找负超几何随机变量和的连续型近似分布，首先分析了几何分布、负二项分布、负超几何分布、指数分布和伽马分布这五种分布间的关系，在这个基础之上推导出了独立同负超几何分布的 k 个随机变量和的一种伽马近似，给出了算例的计算结果并进行了分析。

2.1 基本定义

2.1.1 离散型随机变量

设离散空间包含有限个或者是可数个孤立的点 x_1,

$x_2, \cdots, x_n$，一个离散型随机变量是一个实验结果，把这个结果数字化，则它是定义在一个离散的样本空间上的函数[48]。设 S 为一个离散样本空间，X 是一个随机变量，X 的分布律是一个 $S \rightarrow \mathbb{R}$ 的函数，以概率值

$$P(X = x_i) = p_i \quad i = 1, 2, \cdots, \sharp S \quad\quad (2.1)$$

为条件，并且满足以下两点约束：

(1) $p_i \geqslant 0$；

(2) $\displaystyle\sum_{i=1}^{\sharp S} p_i = 1$。

2.1.2　几何分布

假定一个实验只有两个结果，分别为"成功"和"失败"，例如抛一枚硬币，只有"正面"和"反面"两种结果。独立的重复进行该实验，如果每一次实验结果只有两种可能，且它们的概率在整个实验过程中都保持不变，那么这样的实验称为伯努利实验（Bernoulli Trail），设在任何一次实验中，有

$$P(\text{"成功"}) = p, \quad P(\text{"失败"}) = 1 - p$$

用随机变量 X 表示事件"n 次实验仅有第 X 次实验成功"，即

$$P(X = x) = (1 - p)^{x-1} p \quad x = 1, 2, \cdots$$

则称随机变量 X 服从参数为 p 的几何分布，记为 $X \sim$ Geo(p)。几何分布的数学期望是 $\mu(X) = \dfrac{1}{p}$，方差是 $\sigma^2(X) = \dfrac{1-p}{p^2}$。

定理 2.1[49]　设 X 只取正整数的值,则下列两个命题等价:

(1) X 服从几何分布;

(2) $P(X>m+n\,|\,X>n)=P(X>m), m,n=0,1,2,\cdots$。

定理 2.1 中命题(2)称为几何分布随机变量的无记忆性。唯一具有无记忆性的离散分布是几何分布。

2.1.3　负二项式分布

在独立重复的伯努里实验中,第 r 次成功的实验实数 X 是个随机变量,其一切可能的值是 $r,r+1,\cdots$,称 X 服从参数为 (r,p) 的负二项式分布,记为 $X\sim\mathrm{NBD}(r,p)$,分布律为

$$P(X=x)=\begin{cases}\begin{pmatrix}x-1\\r-1\end{pmatrix}p^r q^{x-r} & x=r,r+1,\cdots\\0 & 其他\end{cases} \tag{2.2}$$

其中,$q=1-p$。负二项分布的数学期望是 $\mu(X)=\dfrac{r}{p}$,方差是 $\sigma^2(X)=\dfrac{r(1-p)}{p^2}$。

由于式(2.2)中各数依次是负指数二项式

$$\left(\frac{1}{p}-\frac{q}{p}\right)^{-x}$$

展开式中的各项,因此称为负二项式分布。

定理 2.2[50] 设 $X_1, X_2, \cdots, X_r$ 为 r 个独立同分布的随机变量,且 $X_i \sim \text{Geo}(p), i=1, 2, \cdots, r$,则 $\sum\limits_{i=1}^{r} X_i \sim \text{NBD}(r, p)$。

2.1.4 负超几何分布

设盒子中有 N 个球,其中 M 个白球,$N-M$ 个黑球。每次从盒子中随机取一个球,取后不放回,取到一个白球称为成功,那么第 r 次成功的实验次数 X 是个随机变量,其一切可能的值是 $r, r+1, r+2, \cdots, N-M+r$,且 X 服从参数为 (r, N, M) 的负超几何分布,记为 $X \sim \text{NHGD}(r, N, M)$,其分布律为

$$P(X=x) = \frac{\binom{M}{r-1}\binom{N-M}{x-r}}{\binom{N}{M}} \cdot \left[\frac{M-(r-1)}{N-(x-1)}\right]$$

$$= \frac{\binom{r-1}{r-1}\binom{N-x}{M-r}}{\binom{N}{M}} \qquad (2.3)$$

其中,N、M、r 为满足 $N, M \in \mathbb{N}$,$r \in \{1, 2, \cdots, M\}$。负超几何分布的数学期望为

$$\mu(X) = \frac{r(N+1)}{M+1}$$

方差为

$$\sigma^2(X) = \frac{r(N+1)(N-M)(M+1-r)}{(M+1)^2(M+2)}$$

负超几何概率分布是一个离散型概率分布,也称为二项式—贝塔分布,或反几何分布。该分布描述的是为了获得固定数目的成功次数而要进行的实验次数。1963 年,Wilks[51] 首次提出负超几何概率分布的模型。1975 年,Guenther[52] 正式定义了负超几何随机变量,并研究了负超几何分布和超几何分布间的联系,描述了负超几何分布在实际中的应用。2002 年,Piccolo[53] 对负超几何分布参数的最大似然估计的渐近方差做了估计。2004 年,D'Elia[54] 等人给出了负超几何分布的矩估计量。

2.1.5 指数分布

设 X 是连续型随机变量,其概率密度函数为

$$f_X(x) = \begin{cases} \lambda e^{-\lambda x} & x \geqslant 0, \lambda > 0 \\ 0 & \text{其他} \end{cases} \tag{2.4}$$

则称 X 服从参数为 λ 的指数分布,记为 $X \sim \mathrm{Exp}(\lambda)$。指数分布的数学期望是 $\mu(X) = \dfrac{1}{\lambda}$,方差是 $\sigma^2(X) = \dfrac{1}{\lambda^2}$,分布函数满足

$$F_X(x) = \begin{cases} 1 - e^{-\lambda x} & x \geqslant 0 \\ 0 & \text{其他} \end{cases} \tag{2.5}$$

定理 2.3 设 X 是非负连续型随机变量,则下列两个命题等价:

(1) X 服从指数分布;

(2) 对于任意的 $m,n \geqslant 0$,有 $P(X>m+n \mid X>n) = P(X>m)$。

定理 2.3 的命题(2)称为指数分布随机变量的无记忆性。唯一具有无记忆性的连续型分布是指数分布。

2.1.6 伽马分布

设 X 是连续型的随机变量,其概率密度函数为

$$f_X(x) = \begin{cases} \dfrac{\beta^\alpha x^{\alpha-1} \mathrm{e}^{-\beta x}}{\Gamma(\alpha)} & x \geqslant 0 \\ 0 & \text{其他} \end{cases} \tag{2.6}$$

则称 X 服从伽马分布,记 $X \sim \mathrm{Ga}(\alpha,\beta)$。其中 $\alpha > 0$,$\beta > 0$,$\Gamma(\alpha) = \displaystyle\int_0^\infty x^{\alpha-1} \mathrm{e}^{-x}$。其中 α 称为形状参数,β 称为尺度参数,$\Gamma(\alpha)$ 参数为 α 的 Γ 函数。Γ 函数有性质:$\Gamma(1)=1$,$\Gamma(\alpha+1)=\alpha$,故当 n 为正整数时,$\Gamma(n)=(n-1)!$。伽马分布的数学期望是 $\mu(X) = \dfrac{\alpha}{\beta}$,方差是 $\sigma^2(X) = \dfrac{\alpha}{\beta^2}$。

定理 2.4[55] 设 $X \sim \mathrm{Ga}(\alpha_1,\beta)$,$Y \sim \mathrm{Ga}(\alpha_2,\beta)$,且 X 和 Y 独立,则有

$$Z = X+Y \sim \mathrm{Ga}(\alpha_1+\alpha_2,\beta) \tag{2.7}$$

定理 2.4 称为伽马分布的可加性。当 $\alpha=1$ 时,伽马分布就是指数分布,即 $\mathrm{Ga}(1,\lambda)=\mathrm{Exp}(\lambda)$[56]。

2.2 负超几何概率的一种改进的负二项近似

负超几何概率分布计算非常复杂,因为涉及阶乘、组合运算,当样本总体较大时,直接计算会出现"组合爆炸",从而造成计算上溢;其次,现有的统计软件,如 SAS Enterprise Guide、MATLAB、SPSS、Mathematica 和 R Statistic Software,都没有计算负超几何概率值的功能[57],所以无法通过软件得到其计算数值。然而在工农业应用中,如产品质量检查、病虫害区域分布预测中,常常需要找负超几何分布的一种近似分布,且该近似分布的概率值容易计算。2001 年,Lopez-Blazquez[58]推导出负超几何分布律的垂直展开式,在此基础上给出了负超几何分布和负二项式分布间的近似关系。2011 年,Teerapabolarn.K[59]用 Stein-Chen 方法和 ω 函数推导出了负超几何分布的一种 Poisson 近似,对近似的误差进行了估算,指出 $\dfrac{r}{N-M}$ 值较小时,用 Poisson 分布去近似负超几何分布误差较小,近似效果较好。

负超几何分布来源于不放回抽样,随机变量 X 表示的是发生 r 次特定事件需要的实验次数。而负二项分布来源于放回抽样,当总体数量 N 很大,而抽样次数 X 相对较小时,可以预想不放回抽样和放回抽样的差别是很小的,因此可以用负二项分布作为负超几何分布的一个近似。下面给出负超几何分布的极限是负二项分布的证明。

定理 2.5[60] 设 $X \sim \text{NHGD}(r, N, M)$,如果其中的参数 N, M 满足

$$\lim_{N \to \infty} \frac{M}{N} = p \quad 0 < p < 1 \tag{2.8}$$

则有

$$\lim_{N \to \infty} \frac{C_{x-1}^{r-1} C_{N-x}^{M-r}}{C_N^M} = C_{x-1}^{r-1} p^r (1-p)^{x-r} \quad x = r, r+1, \cdots \tag{2.9}$$

即当 $N \to \infty$ 时,参数为 (r, N, M) 的负超几何分布以参数 $\left(r, \lim\limits_{N \to \infty} \dfrac{M}{N}\right)$ 的负二项分布作为其极限,记为

$$\text{NHGD}(r, N, M) \xrightarrow{\ N \to \infty\ } \text{NBD}\left(r, \lim_{N \to \infty} \frac{M}{N}\right) \tag{2.10}$$

证明:

首先有

$$\frac{C_{N-x}^{M-r}}{C_N^M} = \frac{(N-x)!}{(M-r)!(N-x-M+r)!} \cdot \frac{M!(N-M)!}{N!}$$

$$= \frac{M!(N-M)!(N-x)!}{N!(M-x)![(N-M)-(x-r)]!}$$

$$= \frac{M(M-1)\cdots(M-r+1)(N-M)(N-M-1)\cdots}{N(N-1)\cdots} \longrightarrow$$

$$\longleftarrow \frac{(N-M-(x-r)+1)}{(N-x+1)}$$

$$= \frac{M(M-1)\cdots(M-r+1)}{N(N-1)\cdots(N-r+1)} \cdot$$

$$\frac{(N-M)(N-M-1)\cdots(N-M-(x-r)+1)}{(N-r)(N-r-1)\cdots(N-x+1)}$$

根据定理的条件 $\lim\limits_{N\to\infty}\dfrac{M}{N}=p\in(0,1)$，可知 $\lim\limits_{N\to\infty}\dfrac{N-M}{N}=$

$1-p\in(0,1)$，于是对于固定的 r 和取定的 x 有

$$\lim_{N\to\infty}\frac{M(M-1)\cdots(M-r+1)}{N(N-1)\cdots(N-r+1)}=p^r \tag{2.11}$$

$$\lim_{N\to\infty}\frac{(N-M)(N-M-1)\cdots(N-M-(x-r)+1)}{(N-r)(N-r-1)\cdots(N-x+1)}$$

$$=(1-p)^{x-r} \tag{2.12}$$

得证。

定理 2.5 的结果表明，若 $x\sim\text{NHGD}(r,N,M)$，当 N 充分大时，$x\sim\text{NBD}\left(r,\dfrac{M}{N}\right)$ 即

$$x\sim\text{NHGD}(r,N,M)\overset{\text{当}N\text{充分大时}}{\Rightarrow}x\sim\text{NBD}\left(r,\frac{M}{N}\right)$$

$$\tag{2.13}$$

换句话说，N 值充分大时（即总体数非常大），用负二项分布去逼近负超几何分布的近似效果好，且 N 值越大，近似效果越好。但当 N 值不大或 p 值很小时，近似误差较大。

为弥补上述不定，接下来将推导负超几何分布的一种改进的负二项近似 $\text{NB}\overset{\wedge}{\text{D}}(r,p)$ [61]，它由负二项分布 $\text{NBD}(r,p)$ 乘以一个修正因子得到，误差量阶为 $O\left(\dfrac{1}{N^2}\right)$，算例的计算结

果表明与"经典的负二项近似"相比,本书提出的改进的近似精确度更高。

根据 x 取值的不同,分以下三种情况讨论。

(1) 当 $x=r$,根据负超几何概率定义,将式(2.3)展开,有

$$\text{NHGD}(r;\ r,N,M) = \frac{\prod\limits_{i=0}^{r-1}\left(p-\dfrac{i}{N}\right)}{\prod\limits_{i=0}^{r-1}\left(1-\dfrac{i}{N}\right)} \qquad (2.14)$$

(2) 当 $x=N-M+r$,有

$$\text{NHGD}(N-M+r;\ r,N,M)$$

$$=\binom{N-M+r-1}{r-1}\cdot\frac{\prod\limits_{i=0}^{M-1}\left(p-\dfrac{i}{N}\right)\prod\limits_{i=0}^{N-M-1}\left(q-\dfrac{i}{N}\right)}{\prod\limits_{i=0}^{N-1}\left(1-\dfrac{i}{N}\right)}$$

$$(2.15)$$

(3) 当 $r<x<N-M+r$,有

$$\text{NHGD}(x;\ r,N,M)$$

$$=\frac{\binom{x-1}{r-1}\binom{N-x}{M-r}}{\binom{N}{M}}$$

$$=\binom{x-1}{r-1}\cdot\frac{(N-x)!}{(M-r)!(N-x-M+r)!}\cdot\frac{M!(N-M)!}{N!}$$

$$=\binom{x-1}{r-1}\cdot\frac{M(M-1)(M-2)\cdots(M-r+1)\cdot}{N(N-1)(N-2)\cdots}\longrightarrow$$

$$\leftarrow \frac{(N-M)(N-M-1)\cdots(N-M-x+r+1)}{(N-x+1)}$$

$$= \binom{x-1}{r-1} \cdot \frac{\prod\limits_{i=0}^{r-1}\left(p-\dfrac{i}{N}\right)\prod\limits_{i=0}^{x-r-1}\left(q-\dfrac{i}{N}\right)}{\prod\limits_{i=0}^{x-1}\left(1-\dfrac{i}{N}\right)} \tag{2.16}$$

其中,令 $p=\dfrac{M}{N}, q=1-p$。把 x,r 看成不依赖 N 值变化的两个参数,那么对于任意一个确定的 x 和 r,当 $p=\dfrac{M}{N}$ 取固定数值(即把 p 也看作是不依赖 N 值而变化的参数)时,得到引理 2.1。

引理 2.1 当 $0<p<1, r\geqslant 1, N\in\mathbb{N}$,有

$$\prod_{i=0}^{r-1}\left(p-\frac{i}{N}\right) = p^r - \frac{r(r-1)}{2N}p^{r-1} + O\left(\frac{1}{N^2}\right)$$

证明:

对参数 r 进行归纳证明。

(1) 当 $r=1$ 时,得到

$$\prod_{i=0}^{1-1}\left(p-\frac{i}{N}\right) = p = p - \frac{1\cdot(1-1)}{2N}p^{1-1} + O\left(\frac{1}{N^2}\right) = p^r -$$

$\dfrac{r(r-1)}{2N}p^{r-1} + O\left(\dfrac{1}{N^2}\right)$,引理 2.1 成立。

(2) 假设 $r=z$ 时,引理 2.1 成立,即 $\prod\limits_{i=0}^{z-1}\left(p-\dfrac{i}{N}\right) = p^z -$

$\dfrac{z(z-1)}{2N}p^{z-1} + O\left(\dfrac{1}{N^2}\right)$

(3) 当 $r=z+1$,有

$$\prod_{i=0}^{z}\left(p-\frac{i}{N}\right)=\left(p^{z}-\frac{z(z-1)}{2N}p^{z-1}+O\left(\frac{1}{N^{2}}\right)\right)\left(p-\frac{z}{N}\right)$$

$$=p^{z+1}-\frac{z}{N}\cdot p^{z}-\frac{z(z-1)}{2N}p^{z}+$$

$$\frac{z^{2}(z-1)}{2N^{2}}p^{z-1}+p\cdot O\left(\frac{1}{N^{2}}\right)+\frac{z}{N}\cdot O\left(\frac{1}{N^{2}}\right)$$

$$=p^{z+1}-\frac{z}{N}\cdot p^{z}-\frac{z(z-1)}{2N}\cdot p^{z}+O\left(\frac{1}{N^{2}}\right)$$

$$=p^{z+1}-\frac{z^{2}+z}{2N}p^{z}+O\left(\frac{1}{N^{2}}\right)$$

$$=p^{z+1}-\frac{(z+1)z}{2N}p^{z}+O\left(\frac{1}{N^{2}}\right)$$

$$=p^{r}-\frac{r(r-1)}{2N}\cdot p^{r-1}+O\left(\frac{1}{N^{2}}\right) \qquad (2.17)$$

得证。

同理可证引理 2.2。

引理 2.2　当 $0<q<1,r\geqslant 1,N\in\mathbb{N},r<x<N-M+r$ 时，有

$$\prod_{i=0}^{x-r-1}\left(q-\frac{i}{N}\right)=q^{x-r}-\frac{(x-r)(x-r-1)}{2N}q^{x-r-1}+O\left(\frac{1}{N^{2}}\right)$$

$$(2.18)$$

接下来证明引理 2.3。

引理 2.3　当 $x,N\in\mathbb{N}$ 时，有

$$\frac{1}{\prod\limits_{i=0}^{x-1}\left(1-\frac{i}{N}\right)}=\prod_{i=0}^{x-1}\left(1+\frac{i}{N}+\left(\frac{i}{N}\right)^{2}+\cdots\right)$$

$$= 1 + \frac{x(x-1)}{2N} + O\left(\frac{1}{N^2}\right) \tag{2.19}$$

证明：

对 x 进行归纳证明。

(1) 当 $x=1$ 时，有

$$\frac{1}{\prod\limits_{i=0}^{1-1}\left(1-\dfrac{i}{N}\right)} = 1 = 1 + 0 + O\left(\frac{1}{N^2}\right)$$

$$= 1 + \frac{x(x-1)}{2N} + O\left(\frac{1}{N^2}\right) \tag{2.20}$$

引理 2.3 成立。

(2) 假设 $x=z$ 时，引理 2.3 成立。即

$$\frac{1}{\prod\limits_{i=0}^{z-1}\left(1-\dfrac{i}{N}\right)} = 1 + \frac{z(z-1)}{2N} + O\left(\frac{1}{N^2}\right) \tag{2.21}$$

(3) 当 $x=z+1$ 时，有

$$\frac{1}{\prod\limits_{i=0}^{z}\left(1-\dfrac{i}{N}\right)} = \left(1 + \frac{z(z-1)}{2N} + O\left(\frac{1}{N^2}\right)\right) \cdot \left(\frac{1}{1-\dfrac{z}{N}}\right)$$

$$= \left(1 + \frac{z(z-1)}{2N} + O\left(\frac{1}{N^2}\right)\right) \cdot \left(\frac{1}{1-\dfrac{z}{N}}\right)$$

$$= \left(\frac{2N + z(z-1)}{2N} + O\left(\frac{1}{N^2}\right)\right) \cdot \left(\frac{N}{N-z}\right)$$

$$= \frac{2N^2 + 2N(z-1)}{2N(N-z)} + O\left(\frac{1}{N^2}\right)$$

$$= \frac{2N^2 - 2Nz - Nz + 2N(z-1)}{2N^2 - 2Nz} + O\left(\frac{1}{N^2}\right)$$

$$= 1 + \frac{z(z+1)}{2N} + O\left(\frac{1}{N^2}\right) \tag{2.22}$$

得证。

定理 2.6[61]　当 $0 < p < 1, 1 \leqslant r \leqslant M, M, N \in \mathbb{N}, q = 1 - p, r < x < N - M + r$,有

$$\text{NHGD}(N, M, r)$$

$$= \text{NBD}(r, p)\left\{1 + \frac{x(x-1)}{2N} - \frac{1}{2Npq}[(x-r)(x-r-1)p + \right.$$

$$\left. r(r-1)q]\right\} + O\left(\frac{1}{N^2}\right)$$

证明：

把引理 2.1、引理 2.2 和引理 2.3 的结论应用到式(2.16)得到

$$\text{NHGD}(N, M, r)$$

$$= \frac{\begin{pmatrix} x-1 \\ r-1 \end{pmatrix}\left(p^r - \frac{r(r-1)}{2N}p^{r-1} + O\left(\frac{1}{N^2}\right)\right)}{\prod\limits_{i=1}^{x-1}\left(1 - \frac{i}{N}\right)} \longrightarrow$$

$$\longleftarrow \frac{\left(q^{x-r} - \frac{(x-r)(x-r-1)}{2N}q^{x-r-1} + O\left(\frac{1}{N^2}\right)\right)}{\prod\limits_{i=1}^{x-1}\left(1 - \frac{i}{N}\right)}$$

$$
= \frac{\begin{bmatrix} x-1 \\ r-1 \end{bmatrix} p^r q^{x-r} \left[1 - \dfrac{(x-r)(x-r-1)}{2Nq} - \dfrac{r(r-1)}{2Np} + O\left(\dfrac{1}{N^2}\right) \right]}{\displaystyle\prod_{i=0}^{x-1} \left(1 - \dfrac{i}{N} \right)}
$$

$$
= \frac{\begin{bmatrix} x-1 \\ r-1 \end{bmatrix} p^r q^{x-r} \left\{ 1 - \dfrac{1}{2Npq} \left[(x-r)(x-r-1)p + \right.\right.}{\displaystyle\prod_{i=0}^{x-1} \left(1 - \dfrac{i}{N} \right)} \longrightarrow
$$

$$
\longleftarrow \frac{r(r-1)q] + O\left(\dfrac{1}{N^2}\right) \Big\}}{\displaystyle\prod_{i=0}^{x-1} \left(1 - \dfrac{i}{N} \right)}
$$

$$
= \frac{\mathrm{NBD}(r,p)\left\{ 1 - \dfrac{1}{2Npq} \left[(x-r)(x-r-1)p + \right.\right.}{\displaystyle\prod_{i=0}^{x-1} \left(1 - \dfrac{i}{N} \right)} \longrightarrow
$$

$$
\longleftarrow \frac{r(r-1)q + O\left(\dfrac{1}{N^2}\right) \Big] \Big\}}{\displaystyle\prod_{i=0}^{x-1} \left(1 - \dfrac{i}{N} \right)}
$$

$$
= \mathrm{NBD}(r,p)\left\{ 1 + \frac{x(x-1)}{2N} - \frac{1}{2Npq} \left[(x-r)(x-r-1)p + \right.\right.
$$

$$
\left. \left. r(r-1)q \right] \right\} + O\left(\frac{1}{N^2}\right) \tag{2.23}
$$

得证。

式(2.23)中,把 $O\left(\dfrac{1}{N^2}\right)$ 看成截断误差,得到负超几何分

布的一个改近负二项近似$\text{NBD}(\hat{r},p)$，如式(2.24)所示。

$$\text{NBD}(\hat{r},p) = \text{NBD}(r,p) \cdot \left\{ 1 + \frac{x(x-1)}{2N} - \right.$$

$$\left. \frac{1}{2Npq}[(x-r)(x-r-1)p + r(r-1)q] \right\}$$

$$(2.24)$$

本书中把$\left\{ 1 + \dfrac{x(x-1)}{2N} - \dfrac{1}{2Npq}[(x-r)(x-r-1)p + \right.$

$\left. r(r-1)q] \right\}$称为$\text{NBD}(\hat{r},p)$的修正因子。

接下来，通过对两组算例的计算，来比较提出的改进负二项近似$\text{NBD}(\hat{r},p)$与"经典"负二项近似对负超几何分布逼近的效果。

表2.1中给出了当$N=100, M=10, r=5, p=0.1, x$取值分别为$1,2,\cdots,10$时负超几何分布概率值、负二项式分布概率值和改进的负二项近似值的计算，用$d_{p_1,p_2}(x) = |p_1(x) - p_2(x)|$表示近似误差，其中$p_i(x), i=1,2$为分布律。

当$N=200, M=100, r=10, p=0.5, x$取值分别$11, 12,\cdots,20$时负超几何分布概率值、负二项式分布概率值和改进的负二项近似值的计算如表2.2所示。

表 2.1 $N=100,M=10,r=5,p=0.1$ 近似误差的计算

x	NHGD(r,N,M)	NBD(r,p)	$\overset{\wedge}{\text{NBD}}(r,p)$	$d_{\text{NHGD,NBD}}(x)$	$d_{\text{NHGD},\overset{\wedge}{\text{NBD}}}(x)$
1	0.00001586	0.00004500	0.00000675	0.00002914	0.00000911
2	0.00004503	0.00011215	0.00002417	0.00006712	0.00002086
3	0.00009943	0.00025515	0.00006294	0.00015572	0.00003649
4	0.00018806	0.00045927	0.00013472	0.00027121	0.00005334
5	0.00031990	0.00075000	0.00025417	0.00043010	0.00006573
6	0.00050355	0.00113636	0.00043560	0.00063281	0.00006795
7	0.00074683	0.00158333	0.00067555	0.00083650	0.00007128
8	0.00105660	0.00211538	0.00099188	0.00105878	0.00006472
9	0.00143850	0.00278571	0.00142071	0.00134721	0.00001779
10	0.00189681	0.00350000	0.00192500	0.00160319	0.00002819

表 2.2 当 $N=200,M=100,r=10,p=0.5$ 近似误差的计算

x	NHGD(r,N,M)	NBD(r,p)	$\overset{\wedge}{\text{NBD}}(r,p)$	$d_{\text{NHGD,NBD}}(x)$	$d_{\text{NHGD},\overset{\wedge}{\text{NBD}}}(x)$
11	0.00409091	0.00490909	0.00405000	0.00081819	0.00000409
12	0.01166667	0.01341667	0.01166815	0.00175000	0.00000015
13	0.02438462	0.02684615	0.02443000	0.00246153	0.00004538
14	0.04107143	0.04364286	0.04124250	0.00257143	0.00017107
15	0.05940000	0.06106667	0.05954000	0.00166667	0.00014000
16	0.07625000	0.07637500	0.07637500	0.00012500	0.00012500
17	0.08900000	0.08729412	0.08904000	0.00170588	0.00004000
18	0.09616667	0.09272222	0.09596750	0.00344445	0.00019917
19	0.09721053	0.09273684	0.09691000	0.00447369	0.00030053
20	0.09285000	0.08810000	0.09250500	0.00475000	0.00034500

　　从表 2.1 和表 2.2 中可以看出,当 N 的取值不是很大(取值 100 或 200)时,改进的负二项近似的误差精度为 $10^{-4}\sim10^{-6}$,误差的阶为 $O\left(\dfrac{1}{N^2}\right)$,且误差随着 N 值的增大而迅速的减小。而"经典"的负二项近似的误差精度为 $10^{-3}\sim10^{-4}$,误差和参数之间无明显函数关系,近似精度难以评估。

2.3　负超几何概率的一种高精度负二项近似

目前已有的概率统计软件中,没有提供计算负超几何概率值的功能,但在一些实际应用中常常需要用到负超几何概率分布的高精度计算值。例如,Boldyreva 等人在 2009 年欧密会上首次从密码学的角度对保序加密进行形式化定义并基于负超几何概率分布的高精度抽样算法构造了一个保序加密方案 NHG-OPE。尽管 NHG-OPE 方案是首个标准的保序加密方案,但是作者指出该方案并不"实际可行",因为方案中的抽样算法中需要负超几何概率分布的高精度计算值,但如何计算得到这个高精度值是个开放问题,因为当 N 值较大时,求 $N!$ 值的计算量巨大且容易溢出。

本节对上述开放问题进行研究,给出如下研究结果[62]。

(1) 利用 Stirling's 公式对负超几何分布率公式展开,经过变换得到一种高精度负二项近似 $\mathrm{NBD}(x) \cdot e^{\sum\limits_{k=1}^{t} w_k}$,其中 $\mathrm{NBD}(x)$ 为负二项分布率,w_k 的定义如下所示,$t = 1, 2, \cdots$。该近似本质上是个迭代公式,近似精度与 w_k 的迭代次数相关,w_k 的迭代次数越多(即 t 值越大),近似精度越高。

(2) 证明在 $\dfrac{x-r}{N-M} < 1$,$\dfrac{r}{M} < 1$ 和 $\dfrac{x}{N} < 1$ 的条件下,本章提出的负二项近似与负超几何分布间的误差量阶为

$$O\Big(\max\Big(\frac{x-r}{N-M},\frac{r}{M},\frac{x}{N}\Big)\cdot \mathrm{NBD}(x)\Big)。$$

本节特意做如下定义：

(1) B_{2i}，伯努利参数，其中 $i=1,2,\cdots$；

(2) $\lfloor x\rfloor$，x 取整，其中 x 是个实数；

(3) $f_k(n-m,n-1)=\dfrac{1}{(n-1)^k}\cdot\Big[\dfrac{(n-m)^{k+1}}{k(k+1)}-$

$\dfrac{(n-m)^k}{2k}+\sum\limits_{i=1}^{\lfloor\frac{k}{2}\rfloor}\dfrac{B_{2i}}{2i(2i-1)}\cdot C_{k-1}^{k-2i+1}\cdot(n-m)^{k-2i+1}\Big]$，其中 n，m，k 为整数且满足 $n>m$，$m\geqslant 1$，$k\geqslant 1$；

(4) $w_k=f_k(x,N)-f_k(x-r,N-M)-f_k(r,M)$，其中 x，r，k，N，M 为整数且满足 $x>r$，$N>M$，$k\geqslant 1$；

(5) $F=\max\Big(\dfrac{x-r}{N-M},\dfrac{r}{M},\dfrac{x}{N}\Big)$，其中 x，r，N，M 为整数且满足 $x>r$，$N>M$，$k\geqslant 1$。

引理 2.4 m，n 为整数且满足 $n>m$，$m\geqslant 1$，有

$$\ln\frac{(n-1)!}{(m-1)!}$$

$$=(n-m)\ln(n-1)-\sum_{k=1}^{t}f_k(n-m,n-1)-O\Big(\Big(\frac{n-m}{n-1}\Big)^{t+1}\Big)$$

$$(2.25)$$

其中，$t=1,2,\cdots,f_k(n-m,n-1)$。

证明：

使用 Stirling's 公式[63]，有

$$\ln \frac{(n-1)!}{(m-1)!} = \ln \sqrt{2\pi(n-1)} + (n-1)\ln(n-1) -$$

$$(n-1) + \sum_{i=1}^{\infty} \frac{B_{2i}}{2i(2i-1)} \cdot \frac{1}{(n-1)^{2i-1}} -$$

$$\left[\ln \sqrt{2\pi(m-1)} + (m-1)\ln(m-1) - \right.$$

$$\left. (m-1) + \sum_{i=1}^{\infty} \frac{B_{2i}}{2i(2i-1)} \cdot \frac{1}{(m-1)^{2i-1}} \right]$$

$$= \ln \sqrt{\frac{n-1}{m-1}} + (n-1)\ln(n-1) -$$

$$(m-1)\ln(m-1) - (n-m) +$$

$$\sum_{i=1}^{\infty} \frac{B_{2i}}{2i(2i-1)} \cdot \left[\frac{1}{(n-1)^{2i-1}} - \frac{1}{(m-1)^{2i-1}} \right]$$

$$= -\frac{1}{2}\ln \frac{m-1}{n-1} + (n-1)\ln(n-1) -$$

$$(m-1)\ln\left(\frac{m-1}{n-1}\right) -$$

$$(m-1)\ln(n-1) - (n-m) +$$

$$\sum_{i=1}^{\infty} \frac{B_{2i}}{2i(2i-1)} \cdot \left[\frac{1}{(n-1)^{2i-1}} - \frac{1}{(m-1)^{2i-1}} \right]$$

$$(2.26)$$

对式(2.26)中等号右边的前 5 项，有

$$-\frac{1}{2}\ln \frac{m-1}{n-1} - (m-1)\ln\left(\frac{m-1}{n-1}\right) + (n-1)\ln(n-1) -$$

$$(m-1)\ln(n-1) - (n-m)$$

$$=-\frac{1}{2}\ln\left(1-\frac{n-m}{n-1}\right)-(m-1)\ln\left(1-\frac{n-m}{n-1}\right)+$$

$$(n-m)\ln(n-1)-(n-m) \tag{2.27}$$

已知,当$|x|<1$时,有

$$\ln(1-x)=-\sum_{k=1}^{\infty}\frac{1}{k}x^k$$

因此式(2.27)等号右边满足:

$$-\frac{1}{2}\ln\left(1-\frac{n-m}{n-1}\right)-(m-1)\ln\left(1-\frac{n-m}{n-1}\right)+$$

$$(n-m)\ln(n-1)-(n-m)$$

$$=\frac{1}{2}\sum_{k=1}^{\infty}\frac{1}{k}\cdot\left(\frac{n-m}{n-1}\right)^k-(n-m)\sum_{k=1}^{\infty}\frac{1}{k}\cdot\left(\frac{n-m}{n-1}\right)^k+$$

$$(n-1)\sum_{k=1}^{\infty}\frac{1}{k}\cdot\left(\frac{n-m}{n-1}\right)^k-(n-m)+(n-m)\ln(n-1)$$

$$=\frac{1}{2}\sum_{k=1}^{\infty}\frac{1}{k}\cdot\left(\frac{n-m}{n-1}\right)^k-(n-m)\sum_{k=1}^{\infty}\frac{1}{k}\cdot\left(\frac{n-m}{n-1}\right)^k+$$

$$(n-1)\sum_{k=2}^{\infty}\frac{1}{k}\cdot\left(\frac{n-m}{n-1}\right)^k+(n-m)\ln(n-1)$$

$$=\frac{1}{2}\sum_{k=1}^{\infty}\frac{1}{k}\cdot\left(\frac{n-m}{n-1}\right)^k-\sum_{k=1}^{\infty}\frac{1}{k}\cdot\frac{(n-m)^{k+1}}{(n-1)^k}+\sum_{k=1}^{\infty}\frac{n-1}{k+1}\cdot$$

$$\left(\frac{n-m}{n-1}\right)^{k+1}+(n-m)\ln(n-1)$$

$$=\sum_{k=1}^{\infty}\frac{1}{2k}\cdot\left(\frac{n-m}{n-1}\right)^k+\sum_{k=1}^{\infty}\left(\frac{1}{k+1}-\frac{1}{k}\right)\cdot$$

$$\frac{(n-m)^{k+1}}{(n-1)^k}+(n-m)\ln(n-1)$$

$$= (n-m)\ln(n-1) + \sum_{k=1}^{\infty} \frac{1}{2k} \cdot$$

$$\frac{(n-m)^k}{(n-1)^k} - \sum_{k=1}^{\infty} \frac{1}{k(k+1)} \cdot \frac{(n-m)^{k+1}}{(n-1)^k} \quad (2.28)$$

式(2.28)是对式(2.26)中等号右边前 5 项运算的等值转换,接下来将对式(2.26)等号右边的第 6 项进行等值转换,有

$$\sum_{i=1}^{\infty} \frac{B_{2i}}{2i(2i-1)} \cdot \left[\frac{1}{(n-1)^{2i-1}} - \frac{1}{(m-1)^{2i-1}} \right]$$

$$= \sum_{i=1}^{\infty} \frac{B_{2i}}{2i(2i-1)} \cdot \left[1 - \left(1 - \frac{n-m}{n-1} \right)^{-2i+1} \right] \cdot \frac{1}{(n-1)^{2i-1}}$$

$$(2.29)$$

把一般二项式定理

$$(x+y)^a = \sum_{j=0}^{\infty} C_a^j x^j y^{a-j}$$

应用到式(2.29)中,得到

$$\sum_{i=1}^{\infty} \frac{B_{2i}}{2i(2i-1)} \cdot \left[1 - \left(1 - \frac{n-m}{n-1} \right)^{-2i+1} \right] \cdot \frac{1}{(n-1)^{2i-1}}$$

$$= \sum_{i=1}^{\infty} \frac{B_{2i}}{2i(2i-1)} \cdot \left[\sum_{j=1}^{\infty} C_{-2i+1}^j (-1)^{j+1} \left(\frac{n-m}{n-1} \right)^j \right] \cdot \frac{1}{(n-1)^{2i-1}}$$

$$= \sum_{i=1}^{\infty} \sum_{j=2i}^{\infty} \left[\frac{B_{2i}}{2i(2i-1)} \cdot C_{j-1}^{j-2i+1} (-1)^{j-2i+2} \frac{(n-m)^{j-2i+1}}{(n-1)^j} \right]$$

$$(2.30)$$

定义 $a_{i,j} = a_{i,j}(n-m, n-1) = \dfrac{B_{2i}}{2i(2i-1)} \cdot C_{j-1}^{j-2i+1} \cdot$

$(-1)^{j-2i+2} \cdot \dfrac{(n-m)^{j-2i+1}}{(n-1)^j}$，则式(2.30)中等号右边等价于

下列行列式中所有项的总和，有

$$\begin{vmatrix} a_{1,2} & a_{1,3} & a_{1,4} & \cdots \\ a_{2,4} & a_{2,5} & a_{2,6} & \cdots \\ a_{3,6} & a_{3,7} & a_{3,8} & \cdots \\ \vdots & \vdots & \vdots & \vdots \\ a_{i,2i} & a_{i,2i+1} & a_{i,2i+2} & \cdots \\ \vdots & \vdots & \vdots & \vdots \end{vmatrix}$$

将上述行列式做形式变换后，得到

$$\begin{vmatrix} a_{1,2} \\ a_{1,3} \\ a_{1,4} & a_{2,4} \\ a_{1,5} & a_{2,5} \\ a_{1,6} & a_{2,6} & a_{3,6} \\ a_{1,7} & a_{2,7} & a_{3,7} \\ a_{1,8} & a_{2,8} & a_{3,8} & a_{4,8} \\ \vdots & \vdots & \vdots & \vdots \\ a_{1,j} & a_{2,j} & a_{3,j} & \cdots & a_{\lfloor \frac{j}{2} \rfloor, j} \\ \vdots & \vdots & \vdots & \vdots & \vdots \end{vmatrix}$$

因此，有

$$\sum_{i=1}^{\infty} \sum_{j=2i}^{\infty} \left[\frac{B_{2i}}{2i(2i-1)} \cdot C_{j-1}^{j-2i+1} \cdot (-1)^{j-2i+2} \cdot \frac{(n-m)^{j-2i+1}}{(n-1)^j} \right]$$

$$= \sum_{j=1}^{\infty} \frac{1}{(n-1)^j} \cdot \left[\sum_{i=1}^{\lfloor \frac{j}{2} \rfloor} (-1)^j \cdot \frac{B_{2i}}{2i(2i-1)} \cdot C_{j-1}^{j-2i+1} \cdot (n-m)^{j-2i+2} \right]$$

$$(2.31)$$

式(2.31)是对式(2.26)中等号右边第 6 项的等值转换。

把式(2.28)和式(2.31)的结论代入式(2.26)中,得到

$$\ln \frac{(n-1)!}{(m-1)!} = (n-m)\ln(n-1) + \sum_{k=1}^{\infty} \frac{1}{2k} \cdot \frac{(n-m)^k}{(n-1)^k} -$$

$$\sum_{k=1}^{\infty} \frac{1}{k(k+1)} \cdot \frac{(n-m)^{k+1}}{(n-1)^k} + \sum_{k=1}^{\infty} \frac{1}{(n-1)^k} \cdot$$

$$\left[\sum_{i=1}^{\lfloor \frac{k}{2} \rfloor} (-1)^k \cdot \frac{B_{2i}}{2i(2i-1)} \cdot C_{k-1}^{k-2i+1} \cdot (n-m)^{k-2i+1} \right]$$

$$= (n-m)\ln(n-1) - \sum_{k=1}^{\infty} \frac{1}{(n-1)^k} \cdot$$

$$\left[\frac{(n-m)^{k+1}}{k(k+1)} - \frac{(n-m)^k}{2k} + \sum_{i=1}^{\lfloor \frac{k}{2} \rfloor} \frac{B_{2i}}{2i(2i-1)} \cdot \right.$$

$$\left. C_{k-1}^{k-2i+1} \cdot (n-m)^{k-2i+1} \right]$$

$$= (n-m)\ln(n-1) - \sum_{k=1}^{\infty} f_k(n-m, n-1)$$

$$= (n-m)\ln(n-1) - \sum_{k=1}^{t} f_k(n-m, n-1) -$$

$$\sum_{k=t+1}^{\infty} f_k(n-m, n-1)$$

$$= (n-m)\ln(n-1) - \sum_{k=1}^{t} f_k(n-m, n-1) -$$

$$(f_{t+1}(n-m, n-1) + o(f_{t+1}(n-m, n-1)))$$

$$= (n-m)\ln(n-1) - \sum_{k=1}^{t} f_k(n-m, n-1) -$$

$$(O(f_{t-1}(n-m, n-1)) + o(f_{t+1}(n-m, n-1)))$$

而

$$O(f) = o(f) = O(f)$$

因此有

$$\ln\frac{(n-1)!}{(m-1)!} = (n-m)\ln(n-1) - \sum_{k=1}^{t} f_k(n-m, n-1) -$$

$$O(f_{t+1}(n-m, n-1))$$

$$= (n-m)\ln(n-1) - \sum_{k=1}^{t} f_k(n-m, n-1) -$$

$$O\left(\frac{(n-m)^{t+2}}{(n-1)^{t+1}}\right) \tag{2.32}$$

把式(2.32)中 $f_{t+1}(n-m, n-1)$ 看成是 $n-m$ 的多项式，得到

$$\ln\frac{(n-1)!}{(m-1)!} = (n-m)\ln(n-1) -$$

$$\sum_{k=1}^{t} f_k(n-m, n-1) - O\left(\left(\frac{n-m}{n-1}\right)^{t+1}\right)$$

得证。

接下来将使用引理 2.4 的结论推导出负超几何概率分布和负二项概率分布间的关系。首先证明引理 2.5。

引理 2.5 若 $p = M/N$,则有

$$\ln \frac{\mathrm{NHGD}(x)}{\mathrm{NBD}(x)} = \sum_{k=1}^{t} w_k - O(F^{t+1}) \quad (2.33)$$

证明:

$$\ln \frac{\mathrm{NHGD}(x)}{\mathrm{NBD}(x)} = \ln \frac{\begin{pmatrix} x-1 \\ r-1 \end{pmatrix} \begin{pmatrix} N-x \\ M-r \end{pmatrix} \begin{pmatrix} N \\ M \end{pmatrix}^{-1}}{\begin{pmatrix} x-1 \\ r-1 \end{pmatrix} \left(\dfrac{M}{N}\right)^r \left(1 - \dfrac{M}{N}\right)^{x-r}}$$

$$= \ln \frac{(N-M)!}{(N-M-(x-r))!} + \ln \frac{M!}{(M-r)!} +$$

$$\ln \frac{(N-x)!}{N!} - r\ln \frac{M}{N} - (x-r)\ln\left(1 - \frac{M}{N}\right)$$

$$= (x-r)\ln(N-M) - \sum_{k=1}^{t} f_k(x-r, N-M) -$$

$$O\left(\frac{(x-r)^{t+1}}{(N-M)^{t+1}}\right) + r\ln M - \sum_{k=1}^{t} f_k(r, M) -$$

$$O\left(\frac{r^{t+1}}{M^{t+1}}\right) - x\ln N +$$

$$\sum_{k=1}^{t} f_k(x, N) + O\left(\frac{x^{t+1}}{N^{t+1}}\right) - r\ln \frac{M}{N} -$$

$$(x-r)\ln\left(1 - \frac{M}{N}\right)$$

$$= \sum_{k=1}^{t} w_k - O\left(\left(\frac{x-r}{N-M}\right)^{t+1}\right) +$$

$$O\left(\left(\frac{r}{M}\right)^{t+1}\right) + O\left(\left(\frac{x}{N}\right)^{t+1}\right) \quad (2.34)$$

式(2.34)中 x,r,N,M 和 t 互相独立,同时

$$O(f(t)) + O(g(t)) = O(\max(f(t),g(t)))$$

因此有

$$O\left(\left(\frac{x-r}{N-M}\right)^{t+1}\right) + O\left(\left(\frac{r}{M}\right)^{t+1}\right) + O\left(\left(\frac{x}{N}\right)^{t+1}\right)$$

$$=O\left(\max\left(\left(\frac{x-r}{N-M}\right)^{t+1},\left(\frac{r}{M}\right)^{t+1},\left(\frac{x}{N}\right)^{t+1}\right)\right)$$

$$=O(F^{t+1})$$

得证。

定理 2.7 若 $r \in \{1,2,\cdots,M\}$, $x \in \{r,r+1,\cdots,r+N-M\}$, $M,N \in Z$ 且满足 $\frac{x-r}{N-M}<1$, $\frac{r}{M}<1$, $\frac{x}{N}<1$, $p=M/N$, 则有

$$\left| \mathrm{NHGD}(x) - \mathrm{NBD}(x) \cdot \mathrm{e}^{\sum\limits_{k=1}^{t} w_k} \right|$$

$$= O\left((F^{t+1}) \cdot \mathrm{NBD}(x) \cdot \mathrm{e}^{\sum\limits_{k=1}^{t} w_k}\right) \quad\quad (2.35)$$

且

$$\lim_{t \to \infty} \mathrm{NBD}(x) \cdot \mathrm{e}^{\sum\limits_{k=1}^{t} w_k} = \mathrm{NHGD}(x) \quad\quad (2.36)$$

证明:

由引理 2.5 有

$$\mathrm{NHGD}(x) = \mathrm{NBD}(x) \cdot \mathrm{e}^{\sum\limits_{k=1}^{t} w_k - O(F^{t+1})}$$

所以

$$\left| \text{NHGD}(x) - \text{NBD}(x) \cdot e^{\sum\limits_{k=1}^{t} w_k} \right|$$

$$= \text{NBD}(x) \cdot e^{\sum\limits_{k=1}^{t} w_k} \cdot \left| e^{-O(F^{t+1})} - 1 \right|$$

而

$$e^{-O(F^{t+1})} - 1 = O(F^{t-1}) + O(O^2(F^{t+1}))$$

因此有

$$\left| \text{NHGD}(x) - \text{NBD}(x) \cdot e^{\sum\limits_{k=1}^{t} w_k} \right|$$

$$= \text{NBD}(x) \cdot e^{\sum\limits_{k=1}^{t} w_k} \cdot (O(F^{t+1}) + O(O^2(F^{t+1})))$$

$$= \text{NBD}(x) \cdot e^{\sum\limits_{k=1}^{t} w_k} \cdot O(F^{t+1})$$

因为 $0 \leqslant \text{NBD}(x) \leqslant 1$，显然 $\text{NBD}(x) \cdot e^{\sum\limits_{k=1}^{t} w_k}$ 是一个有界量，

所以

$$\left| \text{NHGD}(x) - \text{NBD}(x) \cdot e^{\sum\limits_{k=1}^{t} w_k} \right|$$

$$= O\left((F^{t+1}) \cdot \text{NBD}(x) \cdot e^{\sum\limits_{k=1}^{t} w_k} \right)$$

因此式(2.35)成立。同时式(2.35)中，当 $\dfrac{x-r}{N-M} < 1$，$\dfrac{r}{M} < 1$，

$\dfrac{x}{N} < 1$ 且 $t \rightarrow \infty$ 时，有

$$F^{t+1} \rightarrow 0$$

因此

$$\lim_{t\to\infty}\left|\text{NHGD}(x)-\text{NBD}(x)\cdot e^{\sum\limits_{k=1}^{t}w_k}\right|$$

$$=\lim_{t\to\infty}O((F^{t+1})\cdot\text{NBD}(x)\cdot e^{\sum\limits_{k=1}^{t}w_k})$$

$$=0$$

所以式(2.36)成立。

得证。

把式(2.36)中的 $\text{NBD}(x)\cdot e^{\sum\limits_{k=1}^{t}w_k}$ 看成是负超几何分布的一个高精度负二项近似,该近似由 $\text{NBD}(x)$ 乘以一系列的 $\{e^{w_k}\}(k=1,2,\cdots,t)$ 得到,此处把 $e^{\sum\limits_{k=1}^{t}w_k}$ 称为修正因子。e^{w_k} 的计算次数越多,近似精度越高。

定理 2.8 当 $t=0$,有

$$|\text{NHGD}(x)-\text{NBD}(x)|$$

$$=O\Big(\max\Big(\frac{x-r}{N-M},\frac{r}{M},\frac{x}{N}\Big)\cdot\text{NBD}(x)\Big) \qquad (2.37)$$

证明:

不难看出定理 2.7 中当 $t=0$ 时,得到式(2.37)。

得证。

表 2.3 将给出当 $N=20,100,2000,10000,M=10,1000,$ 2000 时高精度负二项式近似与负超几何分布间的误差。

表 2.3 当 $N=20,100,2000,10000, M=10,1000,2000$ 近似误差的计算

	$N=20$ $M=10$ $x=2$ $r=1$	$N=100$ $M=10$ $x=6$ $r=1$	$N=2000$ $M=1000$ $x=100$ $r=50$	$N=10000$ $M=2000$ $x=100$ $r=50$
$\mathrm{NHGD}(x)$	0.2631578947368	0.0614476175710	0.0408281487021	6.1609683854030e-12
$\mathrm{NBD}(x)$	0.2500000000000	0.0590490000000	0.0397946188693	8.1063069943355e-12
$\mathrm{NBD}(x)\cdot e^{w_1}$	0.2628177740540	0.0613905857339	0.0408020224262	6.1843221248200e-12
$\mathrm{NBD}(x)\cdot e^{\sum\limits_{k=1}^{2}w_k}$	0.2631465017236	0.0615484206122	0.0408277788670	6.1613274627753e-12
$\mathrm{NBD}(x)\cdot e^{\sum\limits_{k=1}^{3}w_k}$	0.2631574663896	0.0614475472099	0.0408281116145	6.1609865320042e-12
$\mathrm{NBD}(x)\cdot e^{\sum\limits_{k=1}^{4}w_k}$	0.2631578775735	0.0614475122883	0.0408281474404	6.1609684795477e-12
$\mathrm{NBD}(x)\cdot e^{\sum\limits_{k=1}^{5}w_k}$	0.2631578940268	0.0614476174500	0.0408281484648	6.1609683870886e-12
$\mathrm{NBD}(x)\cdot e^{\sum\limits_{k=1}^{6}w_k}$	0.2631578947061	0.0614476175659	0.0408281484700	6.1609683854345e-12
$\mathrm{NBD}(x)\cdot e^{\sum\limits_{k=1}^{7}w_k}$	0.2631578947355	0.0614476175710	0.0408281484702	6.1609683854036e-12
$\mathrm{NBD}(x)\cdot e^{\sum\limits_{k=1}^{8}w_k}$	0.2631578947368		0.0408281487021	6.1609683854030e-12

从表 2.3 可以看出当 N 值较小(如 $N \leqslant 100$)且 $t=8$ 时,
$\mathrm{NBD}(x) \cdot \mathrm{e}^{\sum\limits_{k=1}^{8} w_k}$ 与 $\mathrm{NHGD}(x)$ 间误差小于 10^{-13};当 N 值较
大(如 $N=10000$)且 $t=8$ 时,$\mathrm{NBD}(x) \cdot \mathrm{e}^{\sum\limits_{k=1}^{8} w_k}$ 与 $\mathrm{NHG}(u)$ 间
误差小于 10^{-25}。从实例结果可知,t 值越大,近似精度
越高。

2.4 有限个独立的负超几何随机变量之和的一种伽马近似

定理 2.2 结论表明若干个独立同几何分布的随机变量
之和服从负二项式分布。而定理 2.4 结论表明若干个独立
同指数分布的随机变量的和服从伽马分布。几何分布和指
数分布都具有"无记忆性",那么这两个分布和负二项式分
布、伽马分布之间有没有联系呢?事实上,伽马分布是负二项
分布的连续化,负二项式分布是伽马分布的离散化。下面证
明这一结论,考虑如下模型[64]:

在时间区间 $[0,t)$ 内,用 T_r 表示直到第 r 个顾客到达某
一个服务窗口的等待时间,使用微元法求出 T_r 的概率密度
函数 $f_{T_r}(t)$。

把区间 $[0,t)$ 等分为子区间 $\left[0, \dfrac{t}{k}\right)$,$\left[\dfrac{t}{k}, \dfrac{2t}{k}\right)$,$\cdots$,

$$\left[\frac{(k-1)t}{k},t\right),有$$

$$f_{T_r}(t)=\lim_{k\to\infty}\frac{P\left(t-\dfrac{t}{k}\leqslant T_r\leqslant t\right)}{\dfrac{t}{k}} \qquad (2.38)$$

设 t 给定,k 为整数且取值足够大时,使得在上述的每一个子区间内都有顾客到达,令 I_j 为 j 个子区间内到达的顾客人数,即

$$I_j=\begin{cases}1 & \text{第 } j \text{ 个子区间内有顾客到达}\\[2mm]0 & \text{其他}\end{cases}$$

令 λ 为单位时间内到达的顾客人数的数学期望,并做如下假设:

(1) 在每一个子区间内都有一个顾客到达,且到达的概率均等;

(2) $I_j,j=1,2,\cdots,k$ 相互独立;

(3) 在区间 $(0,s)$ 内到达顾客的数学期望为 λs。

令 $p=P(I_j=1),j=1,2,\cdots,k$ 得到以下三个结论:

(1) $P\left(t-\dfrac{t}{k}\leqslant T_r\leqslant t\right)=\begin{pmatrix}x-1\\r-1\end{pmatrix}p^rq^{x-r}$ \qquad (2.39)

(2) $p=\lambda\dfrac{t}{k}$ \qquad (2.40)

(3) $\dfrac{P\left(t-\dfrac{t}{k}\leqslant T_r\leqslant t\right)}{\dfrac{t}{k}}=\dfrac{1}{(r-1)!}\cdot\dfrac{(k-1)(k-2)\cdots(k-r+1)}{k^{r-1}}\cdot$

$$\frac{\lambda^r t^{r-1}}{1} \cdot \frac{\left(1-\dfrac{\lambda t}{k}\right)^k}{\left(1-\dfrac{\lambda t}{k}\right)^r} \qquad (2.41)$$

把式(2.41)代入式(2.38)后,得到式(2.42)

$$f_{T_r}(t) = \frac{\beta^\alpha x^{\alpha-1} e^{-\beta x}}{\Gamma(\alpha)} \qquad (2.42)$$

从式(2.42)可以看出,伽马随机变量是负二项随机变量的连续化。接下来推导两者间的参数转换关系,首先推导几何分布和指数分布间的转换关系。

定理 2.9[65]　　假如 $X \sim \mathrm{Geo}(p)$,Y 是个随机变量,且满足

$$P(k-1+d < Y \leqslant k) = q^d P(X \geqslant k) - P(X \geqslant k+1) \qquad (2.43)$$

其中,$0 \leqslant d < 1$,$q = 1-p$,那么 $Y \sim \mathrm{Exp}(\lambda)$,$\lambda = -\ln(1-p)$。

证明:

因为

$$P(X \geqslant k) = \sum_{i=k}^{\infty} pq^{i-1} = \frac{pq^{k-1}(1-q^\infty)}{1-q} = q^{k-1} \quad k = 1, 2, \cdots$$

所以

$$P(k-1+d < Y \leqslant k) = q^d P(X \geqslant k) - P(X \geqslant k+1)$$
$$= q^{k-1+d} - q^k > 0$$

当 $y \geqslant 0$,有

$$P(y < Y \leqslant [y]+1) = q^y - q^{[y]+1}$$

显然

$$P(Y > y) = P(y < Y \leqslant [y] + 1) +$$
$$P([y] + 1 < Y \leqslant [y] + 2) +$$
$$P([y] + 2 < Y \leqslant [y] + 3) + \cdots$$
$$= q^y - q^{[y]+1} + \sum_{k=1}^{\infty} (q^{[y]+k} - q^{[y]+k+1})$$
$$= q^y$$

因此当 $y \geqslant 0$ 时,随机变量 Y 的分布函数为

$$F_Y(y) = 1 - P(Y > y) = 1 - q^y = 1 - e^{-\lambda y}$$

其中,$\lambda = -\ln(1-p) > 0$,$Y \sim \text{Exp}(\lambda)$。

得证。

定理 2.9 推导了几何分布和指数分布间的参数转换关系,将定理 2.2、定理 2.4 和定理 2.9 的结论相结合,可知参数为 $r, -\ln(1-p)$ 的伽马分布是参数为 r, p 的负二项分布的连续近似。当 N 值足够大时,把这个伽马分布作为负超几何分布的一种连续型近似是合理的。上述五种分布之间的关系如图 2.1 所示。

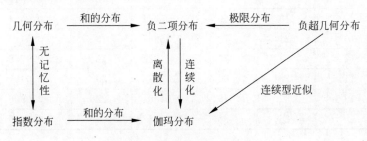

图 2.1　五种概率分布关系图

记 $NH(k; N,M,r)$ 为 k 个相互独立的负超几何随机变量和，即 $NH(k; N,M,r) = \sum_{x=r}^{k} NHGD(x; N,M,r)$，那么有

$$NH(k; N,M,r)$$

$$\simeq \int_{r}^{k+0.5} Ga(y; r, -\ln(1-p))dy \qquad (2.44)$$

近似误差定义为

$$d_{TV}(NH, Ga)$$

$$= \left| NH(k; N,M,r) - \int_{r}^{k+0.5} Ga(y; r, -\ln(1-p))dy \right|$$

$$(2.45)$$

表 2.4 和表 2.5 给出了当 $N = 50, 60, 70, 80, 90$ 以及 $N = 100, 200, 300$ 时伽马近似的误差。

表 2.4　$N = 50, 60, 70, 80, 90$ 时伽马近似的误差

r	M	N	β	k	$d_{TV}(NH, Ga)$
2	5	50	0.10536	5	0.0708
5	10	50	0.22314	10	0.0522
7	15	60	0.28768	12	0.0519
9	18	60	0.35667	14	0.0591
10	21	70	0.35667	15	0.0416
12	24	70	0.41985	18	0.0756
14	28	80	0.42078	20	0.0497
16	32	80	0.51082	22	0.0956
18	36	90	0.51082	25	0.0906

表 2.5　$N=100,200,300$ 时伽马近似的误差

r	M	N	β	k	$d_{\mathrm{TV}}(\mathrm{NH},\mathrm{Ga})$
1	1	100	0.01005	2	0.010100
2	5	100	0.05129	5	0.003900
5	10	100	0.10536	10	0.003710
15	30	200	0.16251	25	0.000020
20	40	200	0.22314	30	0.000020
25	50	200	0.28768	35	0.000050
45	90	300	0.35667	65	0.000003
60	105	300	0.43078	80	0.000005
100	120	300	1.95762	120	0.000003

从表 2.4 和表 2.5 可以看出，N 值越大，近似误差越小，当 $N=300$ 时，误差为 10^{-6}。

2.5　本章小结

本章提出了负超几何分布的一种改进的负二项近似，给出了误差的量阶。计算结果表明，改进的负二项近似其收敛速度明显高于"经典"的负二项近似。提出了负超几何分布的一种高精度负二项近似，给出了近似误差的解析式，算例结果表明，高精度负二项近似能以任意精度逼近负超几何分布。分析了几何分布、负二项分布、负超几何分布、指数分布和伽马分布这五种分布间的内在联系和近似关系，在此分析基础之上，当 N 值足够大时，把伽马分布作为负超几何随机变量和的连续型近似是合理的。给出了 k 个独立的负超几

何分布随机变量之和的一种伽马近似表达式,计算结果显示,当 $N \geqslant 10^3$ 时,伽马近似的误差小于 10^{-6},且误差随着 N 的增加而迅速减少。

本书第 3 章构造负超几何随机变量的两种抽样算法时,将分别用到本章提出的近似。

第 3 章

负超几何随机变量的两种抽样算法

在数理统计中,常把被考察对象的某一个(或多个)指标的全体称为总体。人们总是把总体看成一个具有分布的随机变量,总体中的每一个单元称为个体。把从总体中抽取的部分个体 $x_1, x_2, \cdots, x_n$ 称为样本。随机变量有若干可能的取值,每个可能的取值有一定的可能性,根据随机变量遵循的规律使用一种方法获得它的具体值,叫做抽样。随机变量的抽样方法有多种,不同的分布采用的抽样方法不尽相同,但各种分布的随机抽样方法都是以服从 $[0,1]$ 均匀分布的随机变量的抽样为基础产生的。

离散型随机变量的直接抽样是将随机数和阶梯型的随机变量的分布值逐项比较而确定相应的随机事件[66]。为了得到所需要的随机事件,直接抽样法所需要的比较次数也形成了另外一个随机变量,而且这个随机变量的数学期望和原随机变量的数学期望是一致的。这就形成了两个问题：不确定的比较次数提高了抽样算法实现的复杂度。从抽样过程可以看出，离散型随机变量的直接抽样是一个"理想"的抽样方法，只能对分布律简单的随机变量有效。负超几何分布律中含有组合、阶乘运算，参数个数多，分布律函数复杂，所以用直接抽样法来生成负超几何随机变量不可行[67]，需要借助其他的分布，使用间接抽样法来生成。

本章利用乘抽样法，基于本书 2.2 节推导的改进的负二项近似，构造一种高效的负超几何随机变量抽样算法，分析抽样算法的效率，得到抽样效率为 1.25，即平均生成 1.25 个 [0,1] 上均匀分布的样本，得到一个负超几何分布的样本。

此外，利用舍选抽样法，基于本书 2.4 节推导的伽马近似，构造了负超几何随机变量的一种精确抽样算法，严格证明抽样算法的正确性。

3.1 负超几何随机变量的一种高效抽样算法

本章中，f, g, h 表示概率分布，$f(x)$ 表示分布律或概率密度函数，χ 表示集合，X, ξ 表示随机变量，x 表示随机变量在某一时刻的取值（即随机值），E 表示抽样算法的效率，$U(0,1)$ 表示区间 [0,1] 上的均匀分布。

3.1.1　乘抽样法

乘抽样法(Multiply Method)的基本思想是将一个复杂分布的抽样,转换成一个已知的、简单分布的抽样,它能克服直接抽样法实现困难的缺点,适用于较复杂的概率分布。抽样思想是通过一个容易生成的概率分布 f_1 和一个取舍准则生成另一个与 f_1 相近的概率分布 f,具体来说分布 f 和 f_1 同为集合 χ 上的分布且满足 $f(x)=f_1(x)\cdot h(x)$,其中 $f_1(x)$ 的抽样方法已知,$h(x)$ 是 x 的非负函数且上确界为 a,则可以通过对分布 f_1 的样本使用某种机制舍弃其中的一些样本个体,保留剩下的样本,使得其服从分布 f。具体步骤如下[68]:

(1) 生成 f_1 的样本 X;

(2) 生成 $\zeta\sim U(0,1)$,如果 $\zeta\leqslant h(X)/a$,输出 X;否则转步骤(1);

(3) 如能以任意精度计算 ζ 和 $\zeta\leqslant h(X)/a$ 的值,那么以上输出的 X 服从 f 分布,抽样效率 $E=1/a$。

使用乘抽样法时,应注意如下两点:

(1) 为了提高乘抽样法的效率,a 的值应该尽可能得小,也就是使分布 f_1 和 f 分布更为相近,通常情况下选择 f 分布的近似分布作为 f_1;

(2) f_1 的高效抽样算法已知。

3.1.2　算法构造和分析

本节首先找与负超几何分布相关的 $f_1(x)$ 和 $h(x)$，然后计算 $h(x)$ 的最大值。在第 2 章中，推导了负超几何的一种改进的负二项近似，它由负二项分布 $NBD(r,p)$ 乘以一个修正因子得到。使用乘抽样法生成服从负超几何分布的随机变量，把 $NBD(r,p)$ 当作 $f_1(x)$，把修正因子当作 $h(x)$，即有

$$f_1(x) = NBD(r,p) \tag{3.1}$$

$$h(x) = \left\{ 1 + \frac{x(x-1)}{2N} - \frac{1}{2Npq}[(x-r)(x-r-1)p + r(r-1)q] \right\} \tag{3.2}$$

接下来求函数 $h(x)$ 的上确界。

定理 3.1　令 $h(x) = \left\{ 1 + \frac{x(x-1)}{2N} - \frac{1}{2Npq}[(x-r)(x-r-1)p + r(r-1)q] \right\}$，当 x 取不小于 $\frac{r}{p}+1$ 的最小正整数时，函数 $h(x)$ 取得最大值 1.25，其中 $r \geqslant 1, x \geqslant r, q = 1-p$。

证明：

由于

$$h(x) - h(x-1)$$

$$= \frac{x(x-1)}{2N} - \frac{(x-r)(x-r-1)p}{2Npq} - \frac{(x-1)(x-2)}{2N} +$$

$$\frac{(x-r-1)(x-r-2)p}{2Npq}$$

$$= \frac{x(x-1) - (x-1)(x-2)}{2N} +$$

$$\frac{(x-r-1)(x-r-2)p - (x-r)(x-r-1)p}{2Npq}$$

$$= \frac{2(x-1)}{2N} - \frac{2(x-r-1)}{2Nq}$$

$$= \frac{x-1}{N} - \frac{x-r-1}{Nq} \geqslant 0$$

以及

$$h(x+1) - h(x) = \frac{x}{N} - \frac{x-r}{Nq} \leqslant 0$$

得到 $x \leqslant \frac{r}{p} + 1$ 及 $x \geqslant \frac{r}{p}$，而 $\frac{r}{p} + 1 - \frac{r}{p} = 1$，$x$ 是正整数，

可知当 x 取不小于 $\frac{r}{p} + 1$ 的最小正整数时，$h(x)$ 取得最大值。

特别的，当 $\frac{r}{p}$ 为整数时，$h(x)$ 在 $\frac{r}{p}$ 和 $\frac{r}{p} + 1$ 处同时取得最大值，其中 $r \geqslant 1, x \geqslant r, q = 1 - p$。且有

$$h(x) \leqslant 1 + \frac{\left(\frac{r}{p}+1\right)\frac{r}{p}}{2N} - \frac{\left(\frac{r}{p}+1-r\right)\left(\frac{r}{p}+1-r-1\right)p + r(r-1)q}{2Npq}$$

$$= 1 + \frac{\left(\dfrac{r}{p}+1\right)q - \left(\dfrac{r}{p}+1-r\right)(1-p) - (r-1)q}{4q}$$

$$= 1 + \frac{\dfrac{r}{p}+1 - \left(\dfrac{r}{p}+1-r\right) - (r-1)}{4}$$

$$= 1 + \frac{\dfrac{r}{p}+1 - \dfrac{r}{p}-1+r - r + 1}{4}$$

$$= 1.25 \tag{3.3}$$

得证。

图 3.1 给出了负超几何随机变量乘抽样算法 NHGMultiplySample 的伪代码。

```
NHGMultiplySample(N,M,cc)
  输入:N,M 是整数
  输出:x 是整数
1. a = 1.25, p = M/N, q = 1 - p, r = ⌊M/2⌋
2. x ← NB(r,p,cc)
3. ξ ← U(0,1)
4. 假如 x < r 或 x > N - M + r,转步骤 2
5. H ← {1 + x(x-1)/2N - [(x-r)(x-r-1)/2Nq + r(r-1)/2Np]}
6. 假如 ξ ≤ H/a,返回 x
7. 转步骤 2
```

图 3.1　NHGMultiplySample 算法

利用 NHGMultiplySample 算法生成了 100 个负超几何随机值,如图 3.2 所示,其中 $N=1000, M=0.4, r=200$。

498	491	498	468	494	494	488	456	528	485	505	473	495	478
505	501	493	497	464	486	511	506	500	486	504	499	494	489
494	509	522	507	504	480	492	478	506	495	517	524	503	479
478	505	491	498	494	512	497	501	508	505	511	501	480	524
498	472	520	501	475	496	464	511	507	524	504	494	489	494
510	467	488	477	498	489	520	501	506	521	464	500	424	436
507	528	533	541	552	571	436	400	399	498	501	569	577	590
421	400												

图 3.2　NHGMultiplySample 生成的 100 个随机数

表 3.1 给出了利用 NHGMultiplySample 算法分别生成 10000 个、1000 个和 100 个随机变量时，时间和内存的消耗。算法在华硕星锐 4752G 上运行，2.9 GHZ Pentium(R) PC，C 编译器，算法使用的是文献[67]中构造的的抽样算法生成负二项随机变量，利用 The GNU MP Bignum Library(GMP) 库进行任意精度计算，其中 $N=1000, M=0.5, r=250$。

表 3.1　$N=1000, M=0.5, r=250$ 时 NHGMultiplySample 算法的执行效率

	100 个随机值	1000 个随机值	10000 个随机值
时间耗费(s)	0.067934	0.395207	6.126978
内存耗费	362 words		

3.2　负超几何随机变量的一种精确抽样算法

舍选法(Acceptance-Rejection Method)是冯·诺依曼为克服直接抽样法的缺点而提出来的随机变量抽样法，它适用

于概率密度函数复杂的分布。目前,负超几何概率的分布函数以及分布函数的反函数都未知,要对它的随机变量进行精确抽样,采用直接抽样法显然不行,必须采用间接抽样法。舍选法就是这样一种间接抽样法,它的抽样思想是为了实现从已知概率密度函数 $f(x)$ 抽样,选取与 $f(x)$ 取值范围相同的概率密度函数 $g(x)$,生成服从 $g(x)$ 的随机数序列 $\{\zeta_i\}$,$i=1,2,\cdots,n$,对 $\{\zeta_i\}$ 进行舍选,舍选的原则是在 $g(x)$ 值大的地方,保留更多的随机数 ζ_i;在 $g(x)$ 值小的地方,保留较少的随机数 ζ_i,使得得到的子样中 ζ_i 的分布满足密度函数 $f(x)$。一般来说,选择 f 的近似分布作为 g 分布。

因此利用舍选法对负超几何分布进行抽样,必须要找到与其相近的连续型分布,本书 2.4 节中提出的伽马分布就是符合要求的一种分布。

下面先描述舍选法的操作过程,然后详细介绍负超几何分布的一种高效抽样算法[70],最后分析抽样算法的抽样效率并证明算法的正确性。

3.2.1 舍选抽样法

假设 $f(x)$ 和 $g(x)$ 均为集合 χ 上的概率密度函数,且满足 $\dfrac{f(x)}{g(x)} \leqslant c$,$c \geqslant 0$。$\forall x \in \chi$,舍选法的具体步骤如下[71]:

(1) 生成 g 的样本 X;

（2）生成 $\zeta \sim U(0,1)$，且 ζ 和 X 独立；

（3）如果 $\zeta \leqslant f(X)/c \cdot g(X)$，则输出 X（表示"接受"）；否则转步骤（1）（表示"舍弃"）。

使用舍选抽样法时，应注意如下两点：

（1）$f(X)$ 和 $g(X)$ 是互相独立的，因此 $f(X)/c \cdot g(X)$ 是和步骤（2）中的 ζ 是相互独立的；

（2）$f(X)/c \cdot g(X)$ 的值在 0 到 1 之间，即 $0 < f(X)/c \cdot g(X) \leqslant 1$。

用 T 表示"成功抽取一个个体"所需要执行的步骤（1）和（2）的次数，则 T 服从几何分布，即 $p = P(\zeta \leqslant f(X)/c \cdot g(X))$；$P(T=n) = (1-p)^{n-1}p, n \geqslant 1$，那么执行步骤（1）和（2）的平均次数等于 T 的数学期望，$\mu(T) = 1/p$。计算 p 的值，则

$$p_r = P(\zeta \leqslant f(X)/c \cdot g(X) \mid X = x)$$
$$= f(x)/c \cdot g(x) \tag{3.4}$$

由于

$$p_r = \int_{-\infty}^{+\infty} \frac{f(x)}{c \cdot g(x)} \cdot g(x) \mathrm{d}x$$

$$= \frac{1}{c} \int_{-\infty}^{+\infty} f(x) \mathrm{d}x$$

$$= \frac{1}{c} \tag{3.5}$$

所以 $\mu(T) = \dfrac{1}{p_r} = c$，即成功抽取一个个体所需要执行步骤（2）的次数为 c 次。显而易见，c 值越小，抽样效率越高。为了使

c 值尽可能得小，选择 f 的近似分布作为 g 分布，且 $c = \max\{f(x)/g(x)\}$。

3.2.2 c 值的计算

本章把伽马分布 $\mathrm{Ga}(r,\lambda)$ 作为超几何分布 $\mathrm{NHGD}(r,N,M)$ 的连续型近似。设计抽样算法时，要用到抽样效率 c 的值，从抽样过程可知，$\mathrm{NHGD}(r,N,M)/\mathrm{Ga}(r,\lambda)$ 的最大值是 c，但直接求 $\mathrm{NHGD}(r,N,M)/\mathrm{Ga}(r,\lambda)$ 的最大值不可行，此处借用负二项分布 $\mathrm{NBD}(r,p)$ 作为中间工具，先计算：

$$Q_1 \leftarrow (\mathrm{NHGD}(r,N,M)/\mathrm{NBD}(r,p))_{\max} \qquad (3.6)$$

式(3.6)表示把 $\mathrm{NHGD}(r,N,M)/\mathrm{NBD}(r,p)$ 的值上确界赋值给 Q_1，接着计算：

$$Q_2 \leftarrow (\mathrm{NBD}(r,p)/\mathrm{Ga}(r,-\ln(1-p)))_{\max} \qquad (3.7)$$

式(3.7)表示把 $\mathrm{NBD}(r,p)/\mathrm{Ga}(r,-\ln(1-p))$ 的上确界赋值给 Q_2，最后将

$$c \leftarrow Q_1 \cdot Q_2 \qquad (3.8)$$

式(3.8)表示把 $Q_1 \cdot Q_2$ 的值赋给 c，通过此法得到值 c。

定理 3.2 设 $N, M \in \mathbb{N}$，$M \leqslant N$，$r \in \{1,2,\cdots,M\}$，令 $p = M/N$，那么

$$\frac{\mathrm{NHGD}(r,N,M)}{\mathrm{NBD}(r,p)} < \left(\frac{N}{N-r}\right)^{N-M} \qquad (3.9)$$

证明:

$$\frac{\mathrm{NHGD}(r,N,M)}{\mathrm{NBD}(r,p)} = \frac{\mathrm{NHGD}(r,N,Np)}{\mathrm{NBD}(r,p)}$$

$$= \frac{\binom{x-1}{r-1}\binom{N-x}{Np-r}}{\binom{N}{Np}} \cdot \frac{1}{\binom{x-1}{r-1}p^r q^{x-r}}$$

$$= \frac{Np \cdot (Np-1) \cdot \cdots \cdot (Np-r+1) \cdot 1}{N \cdot (N-1) \cdot \cdots \cdot (N-r+1) \cdot p^r} \cdot$$

$$\frac{(N-Np) \cdot (N-Np-1) \cdot \cdots \cdot}{(N-r) \cdot (N-r-1) \cdot \cdots \cdot} \longrightarrow$$

$$\longleftarrow \frac{(N-Np-(k-r)+1) \cdot 1}{(N-k+1) \cdot (1-p)^{k-r}}$$

其中,记 $\dfrac{Np \cdot (Np-1) \cdot \cdots \cdot (Np-r+1) \cdot 1}{N \cdot (N-1) \cdot \cdots \cdot (N-r+1) \cdot p^r}$ 为 Part 1,

$$\frac{(N-Np) \cdot (N-Np-1) \cdot \cdots \cdot (N-Np-(k-r)+1) \cdot 1}{(N-r) \cdot (N-r-1) \cdot \cdots \cdot (N-k+1) \cdot (1-p)^{k-r}}$$

为 Part 2。

下面先计算 Part 1 的上界:

$$\mathrm{Part1} = \frac{Np \cdot (Np-1) \cdot \cdots \cdot (Np-r+1) \cdot 1}{N \cdot (N-1) \cdot \cdots \cdot (N-r+1) \cdot p^r}$$

$$= \frac{1 \cdot \left(1-\dfrac{1}{Np}\right) \cdot \cdots \cdot \left(1-\dfrac{r-1}{Np}\right)}{1 \cdot \left(1-\dfrac{1}{N}\right) \cdot \cdots \cdot \left(1-\dfrac{r-1}{N}\right)}$$

$$= \prod_{i=0}^{r-1} \frac{\left(1 - \dfrac{i}{Np}\right)}{1 - \dfrac{i}{N}} < 1 \qquad (3.10)$$

因为 $0 < p < 1$，所以 $\dfrac{i}{Np} > \dfrac{i}{N}$。

式(3.10)表明，Part 1 的上界小于 0，现计算 Part 2 的上界，具体过程如下：

$$\text{Part2} = \frac{(N-Np) \cdot (N-Np-1) \cdot \cdots \cdot (N-Np-(k-r)+1)}{(N-r) \cdot (N-r-1) \cdot \cdots \cdot (N-k+1) \cdot (1-p)^{k-r}}$$

$$= \frac{N \cdot \left(N - \dfrac{1}{1-p}\right) \cdot \left(N - \dfrac{2}{1-p}\right) \cdot \cdots \cdot \left(N - \dfrac{k-r-1}{1-p}\right)}{(N-r) \cdot (N-(r+1)) \cdot \cdots \cdot (N-(k-1))}$$

$$= \prod_{i=0}^{k-r-1} \frac{N - \dfrac{i}{1-p}}{N-(r+i)} \qquad (3.11)$$

对式(3.11)中的 $\dfrac{N - \dfrac{i}{1-p}}{N-(r+i)}$ 求导：

$$\frac{N - \dfrac{i}{1-p}}{N-(r+i)} \bigg|_{i}' = \frac{\left(-\dfrac{1}{1-p}\right)(N-(r+i)) + \left(N - \dfrac{i}{1-p}\right)}{(N-(r+i))^2}$$

$$= \frac{N - Np - i - N + r + i}{N-(r+i))^2}$$

$$= \frac{r - Np}{N-(r+i))^2} \qquad (3.12)$$

因为 $M = Np$，而 $r < M$，所以式(2.47)的值小于 0，因此

$\dfrac{N-\dfrac{i}{1-p}}{N-(r+i)}$ 是递减函数,它在 $i=0$ 处取得最大值,即

$\dfrac{N-\dfrac{i}{1-p}}{N-(r+i)} \leqslant \dfrac{N}{N-r}$,所以

$$\text{Part2} = \prod_{i=0}^{k-r-1} H(i) < \prod_{i=0}^{k-r-1} \frac{N}{N-r} = \left(\frac{N}{N-r}\right)^{k-r}$$

$$(3.13)$$

接下来求 $\left(\dfrac{N}{N-r}\right)^{k-r}$ 的上界,把 k 看成变量,$\left(\dfrac{N}{N-r}\right)^{k-r}$ 是 k 的一个函数,易知此函数严格递增,在 k 的最大值点函数值最大,而 k 的最大值点是 $N-M+r$,因此 Part2 $<$ $\left(\dfrac{N}{N-r}\right)^{k-r} < \left(\dfrac{N}{N-r}\right)^{N-M}$,而 Part 1 的上界为 1,所以有

$$\frac{\text{NHGD}(r,N,Np)}{\text{NBD}(r,p)} = \text{Part1} \cdot \text{Part2} < 1 \cdot \left(\frac{N}{N-r}\right)^{N-M}$$

$$= \left(\frac{N}{N-r}\right)^{N-M}$$

得证。

定理 3.2 的结论表明,负超几何分布和负二项分布比值的上界 $Q_1 = \left(\dfrac{N}{N-r}\right)^{N-M}$。接下来给出负二项分布和伽马分布比值的上界 Q_2 的值。

定理 3.3　设 $r>0, p>0$,那么

$$\frac{\text{NBD}(r,p)}{\text{Ga}(r,-\ln(1-p))} < \frac{p^r}{(-\ln(1-p))^r (1-p)^r}$$

$$(3.14)$$

证明：

$$\frac{\text{NBD}(r,p)}{\text{Ga}(r,-\ln(1-p))}$$

$$=\frac{\begin{pmatrix} x-1 \\ r-1 \end{pmatrix} p^r (1-p)^{x-r}(r-1)!}{(-\ln(1-p))^r (1-p)^x x^{r-1}}$$

$$=\frac{x! \, p^r}{(-\ln(1-p))^r (1-p)^r x^r (x-r)!}$$

$$=\frac{x!}{(x-r)!} \cdot \frac{p^r}{(-\ln(1-p))^r (1-p)^r x^r}$$

$$=\frac{x(x-1)\cdots(x-r+1)}{x^r} \cdot \frac{p^r}{(-\ln(1-p))^r (1-p)^r}$$

显然 $\dfrac{x(x-1)\cdots(x-r+1)}{x^r}<1$，所以 $\dfrac{\text{NBD}(r,p)}{\text{Ga}(r,-\ln(1-p))}<$

$$\frac{p^r}{(-\ln(1-p))^r (1-p)^r}。$$

得证。

结合定理 3.2 和定理 3.3 的结论，得到

$$\frac{\text{NHGD}(x;\,r,N,M)}{\text{Ga}(x;\,r,-\ln(1-p))}<\left(\frac{N}{N-r}\right)^{N-M} \cdot$$

$$\frac{p^r}{(-\ln(1-p))^r (1-p)^r} \tag{3.15}$$

其中，$c=\left(\dfrac{N}{N-r}\right)^{N-M} \cdot \dfrac{p^r}{(-\ln(1-p))^r (1-p)^r}$，当 $N=10^9$，

$\dfrac{M}{N}=0.0001, r=\dfrac{M}{2}$ 时，c 约等于 7.38976。

3.2.3　算法构造

负超几何分布随机变量的精确抽样算法 NHGExactSample 如图 3.3 所示。

```
NHGExactSample(N,M,cc)
  输入:N,M 是整数
  输出:x 是整数
```

1. $p = \dfrac{M}{N}$, $\lambda = -\ln(1-p)$, $r = \left\lfloor \dfrac{M}{2} \right\rfloor$, $c = \left(\dfrac{N}{N-r} \right)^{N-M} \cdot \dfrac{p^r}{(-\ln(1-p))^r (1-p)^r}$

2. $k \leftarrow Ga(r, \lambda; cc)$

3. $x \leftarrow \lfloor k + 1/2 \rfloor$

4. 假如 $x < r$ 或 $x > N - M + r$,转步骤 2

5. $\text{NHGD} = \dfrac{\dbinom{x-1}{r-1}\dbinom{N-x}{M-r}}{\dbinom{N}{M}}$, $\quad Ga = \dfrac{\lambda^r k^{r-1} e^{-\lambda k}}{(r-1)!}$

6. 生成 $u \leftarrow U(0,1)$

7. 假如 $u \leqslant \text{NHGD}/Ga \cdot c$,返回 x

8. 转步骤 2

图 3.3　NHGExactSample 算法

Schmeiser 等人在文献[72]中构造了 G2PE 算法来生成服从伽马分布的随机变量,在实现 NHGExactSample 时,可利用 G2PE 算法生成步骤 2 中的 k。

3.2.4　正确性证明

根据算法描述,在满足 $u \leqslant \dfrac{\text{NHGD}(X)}{\text{Ga}(X) \cdot c}$ 的条件下,算法

NHGExactSample 输出 x。接下来证明 x 的分布函数就是负超几何随机变量的分布函数。

为叙述方便,本书采用如下记号。

— A:表示事件 $X \leqslant x$,记为 $A = \{X \leqslant x\}$,其中 x 是算法 NHGExactSample 的输出;

— B:表示事件 $U \leqslant \dfrac{\text{NHGD}(X)}{\text{Ga}(X) \cdot c}$,记为 $B = \left\{ U \leqslant \dfrac{\text{NHGD}(X)}{\text{Ga}(X) \cdot c} \right\}$;

— $F_{\text{NHGD}}(x)$:表示负超几何随机变量 x 的分布函数;

— $F_{\text{Ga}}(x)$:表示伽马随机变量 x 的分布函数。

根据算法描述,事件 A 发生的概率 $P(A) = F_{\text{Ga}}(x)$,事件 B 发生的概率为 $P(B) = \dfrac{1}{c}$。

计算条件概率 $P(B \mid A)$ 的值,过程如下:

$$P(B \mid A) = P\left(U \leqslant \frac{\text{NHGD}(X)}{\text{Ga}(X) \cdot c} \mid X \leqslant x \right)$$

$$= \frac{P\left(U \leqslant \dfrac{\text{NHGD}(X)}{\text{Ga}(X) \cdot c}, X \leqslant x \right)}{F_{\text{Ga}}(x)}$$

$$= \int_{-\infty}^{x} \frac{P\left(U \leqslant \dfrac{\text{NHGD}(X)}{\text{Ga}(X) \cdot c} \mid X = w \leqslant x \right)}{F_{\text{Ga}}(x)} \cdot \text{Ga}(w) \mathrm{d}w$$

$$= \frac{1}{F_{\text{Ga}}(x)} \int_{-\infty}^{x} \frac{\text{NHGD}(w)}{\text{Ga}(w) \cdot c} \cdot \text{Ga}(w) \mathrm{d}w$$

$$= \frac{1}{c \cdot F_{\mathrm{Ga}}(x)} \int_{-\infty}^{x} \frac{\mathrm{NHGD}(w)}{\mathrm{Ga}(w)} \cdot \mathrm{Ga}(w) \mathrm{d}w$$

$$= \frac{1}{c \cdot F_{\mathrm{Ga}}(x)} \int_{-\infty}^{x} \mathrm{NHGD}(w) \mathrm{d}w$$

$$= \frac{F_{\mathrm{NHGD}}(x)}{c \cdot F_{\mathrm{Ga}}(x)}$$

根据条件概率计算公式,得到

$$P(A \mid B) = \frac{P(B \mid A)P(A)}{P(B)} = \frac{\dfrac{F_{\mathrm{NHGD}}(x)}{c \cdot F_{\mathrm{Ga}}(x)} \cdot F_{\mathrm{Ga}}(x)}{1/c}$$

$$= F_{\mathrm{NHGD}}(x) \tag{3.16}$$

即 $P\left(X \leqslant x \mid U \leqslant \dfrac{\mathrm{NHGD}(X)}{\mathrm{Ga}(X) \cdot c}\right) = F_{\mathrm{NHGD}}(x)$,这表示算法

NHGExactSampl 输出的随机变量 x 的分布函数是 $F_{\mathrm{NHGD}}(x)$,
因此 x 服从负超几何分布。

得证。

3.3　本章小结

把本书 2.2 节提出的改进负二项近似作为工具,基于乘抽样理论,构造了一种高效的负超几何随机变量抽样算法,抽样效率为 1.25,即平均生成 1.25 个 $U(0,1)$ 的样本,得到一个负超几何分布的样本。把本书 2.4 节提出的伽马近似

作为工具,基于舍选抽样理论,构造了负超几何随机变量的一种精确抽样算法,证明了抽样算法的正确性。从公开文献看,这是针对负超几何分布,首次构造其随机变量的抽样算法。在本书第 4 章和第 5 章,构造十进制短分组加密方案 NHG-SBC 和十进制保序加密方案 NHG-OPES 时,将会用到本章提出的两个抽样算法。

第 4 章

基于负超几何分布的十进制
短分组加密方案 NHG-SBC

分组密码是把明文分成固定长度的若干组,使用相同的密钥对每个分组用进行加密,相同的密文由相同的明文分组加密得到。当分组变短时,敌手容易通过穷举搜索攻击攻破加密方案,即使是 AES 加密算法,当分组长度小于 64 位时,加密算法也会变得不安全。但实际应用中常需要对短的十进制数进行加密,如何解决十进制短分组加密安全问题是本书研究的重点。

本章中,利用负超几何随机变量高效抽样算法,以 Knuth Shuffle 置换理论为基础,在集合 $Z_N, Z_N = \{0, 1, \cdots, N-1\}$ 上构造了一种随机置换算法,构造过程采用"选取-交换-置换"的迭代构造方法,保证明文尽可能地扩散和混淆。安全性分析表明如果随机置换算法中使用的是真随机流,那么它

生成集合 Z_N 上的任意一个完美置换的概率均为 $\frac{1}{N!}$。

进一步,对提出的随机置换算法进行修改,在集合 Z_N,$10^9 \leqslant N \leqslant 10^{20}$ 上构造了一种十进制短分组加密方案 NHG-SBC,使用一个输入输出长度均可变的伪随机函数来替代置换中的随机流。安全性分析表明 NHG-SBC 方案是短分组上的一个伪随机置换,达到了 PRP (Pseudo Random Permutation)安全,能抵抗敌手的 N 次问询,方案不但适用于 N 为偶数值的应用,还适用于 N 为奇数值的应用。

特别说明的是,本书把分组大小小于 2^{64}(即小于 10^{20})的分组称为短分组。

4.1　基本定义

定义 4.1　非多项式有界量(Non-polynomial Bounded Quantity),对于函数 $f: \mathbb{N} \to \mathbb{R}$,称为关于 n 的任意多项式是无界的,条件是对任意多项式 $p(n)$,存在一个自然数 n_0,使得对 $\forall n > n_0$,都有 $f(n) > p(n)$ 成立。如果函数 $f(n)$ 不是非多项式有界量,则称函数 $f(n)$ 为多项式有界。

定义 4.2　可忽略量(Negligible),对于函数 $\varepsilon: \mathbb{N} \to \mathbb{R}$ 称为关于 n 的一个可忽略量(或者称 $\varepsilon(n)$ 是可忽略的),条件是其倒数 $1/\varepsilon(n)$ 是关于 n 的一个非多项式有界量。

为了描述简洁,以后把满足条件 $n > N$ 的 n 称为足够大

的 n。

定义 4.3 置换（Permutation），记符号集 $Z_N = \{0,$ $1, \cdots, N-1\}$，所谓 Z_N 上的置换是指 Z_N 到 Z_N 的双射，Z_N 上所有置换构成的集合记为 RP_N，称为 Z_N 上的置换群。设 $\pi \in \mathrm{RP}_N$，$\pi(j) = i_j$，$j \in Z_N$，称 i_j 为 j 在置换 π 下的象，j 为 i_j 的原象，其中 $i_0, i_1, \cdots, i_{N-1} \in Z_N$，并且两两不相同。

定义 4.4 完美置换（Perfect Permutation），设 $\pi \in \mathrm{RP}_N$，若满足 $\{\pi(x) - x \mid x \in Z_N\} = Z_N$，则称置换 π 为 Z_N 的完美置换，其中"$-$"为模 N 减法。

显然，π 为 Z_N 的完美置换当且仅当 $\pi(0), \pi(1), \cdots, \pi(N-1)$ 是 $\{0, 1, \cdots, N-1\}$ 的一个排列且 $\pi(0), [\pi(1)-1], \cdots,$ $[\pi(N-1)-(N-1)]$ 仍是 $\{0, 1, \cdots, N-1\}$ 上的一个排列。

用古典概率来描述事件"一个算法随机选取 Z_N 上的完美置换 π"发生的概率，是指取样本空间为 RP_N，在其上定义古典概率为：

$$\mathrm{Pr}(\{\pi\}) = \frac{1}{N!} \quad \pi \in \mathrm{RP}_N$$

定义 4.5 十进制短分组加密 NHG-SBC（Decimal Short-Block Cipher NHG-SBC）可以简单描述为

$$E: K \times X \to X \bigcup \{\perp\}$$

其中，K 为密钥空间，X 为消息空间，两者均为消息空间 $\{0, 1, \cdots, N-1\}$ 内的元素（其中 $10^9 \leqslant N \leqslant 10^{20}$）。为了有效地研究和分析加密模型，可通过算法三元组（KeyGen, Enc, Dec）来描述十进制短分组加密方案，其中：

（1）算法 KeyGen：初始化系统参数，包括初始化具有足够安全性的对称加密算法所需的参数，例如分组长度，用于加解密的对称密钥 K。

（2）算法 Enc：输入密钥 K 和明文 x，输出密文 y 或者 $\perp$。该算法执行 $\mathrm{Enc}(K,X)=E_K(X)$ 过程，其中 $E_K(X)$ 是 X 上的一个置换。如果 $x\in X$，则返回 $y=E_K(x)$，否则返回 $\perp$。

（3）算法 Dec：输入密钥 K 和密文 y，输出明文 x 或者 $\perp$。该算法是算法 Enc 的逆运算，执行 $\mathrm{Dec}(K,y)=E_K^{-1}(y)$ 过程，其中 $E_K^{-1}(y)$ 是 X 上的一个逆置换。如果 $y\in X$，则返回 $x=E_K(y)$，否则返回 $\perp$。

根据 NHG-SBC 方案中加密算法的定义，对任意 $k\in K$，$\mathrm{Enc}(K,X)=E_K(X)$ 是消息空间 X 上由对称密钥 k 决定的一个置换。设 RP_X 表示消息空间 X 上所有置换的集合，$\pi\xleftarrow{\$}\mathrm{RP}_X$ 表示从 RP_X 中随机抽取一个置换 π。设 A^f 是一个可以查询预言机 f 的敌手，f 要么是一个随机置换预言机 $\pi(\cdot)$，要么是加密预言机 $E_K(\cdot)$。为了给攻击者足够多的攻击优势，允许攻击者执行解密查询，并以解密预言机 $E_K^{-1}(\cdot)$ 对解密查询进行响应，这样对攻击者来说拥有足够多的明文密文对来获得有用信息。假定敌手 A 从不重复相同的查询，也不执行消息空间外的查询。这样的攻击者 A 定义为十进制短分组加密方案的 PRP-CCA 攻击者，它的目标是在执行一定次数的加解密查询后，判定 f 使用的是加密预言机还是随机置换预言机。

定义攻击者 A 在攻击中可获得的优势为：

$$\mathrm{Adv}_{\mathrm{NHG\text{-}SBC}}^{\mathrm{PRP\text{-}CCA}}(A) = \Pr\left[k \xleftarrow{\$} K : A^{E_k(\cdot), E_k^{-1}(\cdot)} = 1\right]$$

$$- \Pr\left[\pi \xleftarrow{\$} \mathrm{RP}_X : A^{\pi, \pi^{-1}} = 1\right] \quad (4.1)$$

式(4.1)度量了敌手 A 区分随机置换和十进制短分组加密的概率优势。

定义 4.6　PRP 安全（Pseudo Random Permutation），令 $\mathrm{Adv}_{\mathrm{NHG\text{-}SBC}}^{\mathrm{PRP}}(t,q) = \underset{A}{\mathrm{Max}}\,\mathrm{Adv}_{\mathrm{NHG\text{-}SBC}}^{\mathrm{PRP\text{-}CCA}}(A)$，其中 t 为攻击者执行破解算法的时间，q 为攻击者查询的次数。$\mathrm{Adv}_{\mathrm{NHG\text{-}SBC}}^{\mathrm{PRP}}(\cdot,\cdot)$ 表示的任意一个敌手在时间 t 内攻击加密方案 NHG-SBC 可能取得的最大优势，如果 $\mathrm{Adv}_{\mathrm{NHG\text{-}SBC}}^{\mathrm{PRP}}(\cdot,\cdot)$ 是一个可忽略的量，则称 NHG-SBC 加密方案是伪随机置换，达到 PRP 安全。

4.2　十进制分组上的随机置换

4.2.1　置换技术

在分组密码的设计中，置换是实现混乱和扩散的基本手段，有着广泛的应用。密码学家 Stinson 在其专著 *Cryptography：Theory and Practice*[73] 中指出任何没有信息扩张的密码体制都可以看作是置换的结果，如 DES 可以看作是明文在密钥控制下的置换，公钥密码体制可以看作是一种多项式置换。具有良好密码学性质的置换能抵抗敌手的多次问询，且不改变明文的长度和类型，符合十进制短分组加密方案的安全性要求。

Shuffle 算法最早是由 Fisher and Yates[74] 提出的，1998年 Knuth 在文献[29]中对该算法进行扩展。它对大小为 N 的整型数组 S 进行操作，实现了 N 个整数的完全置换。算法描述如图 4.1 所示。

```
Shuffle Algorithm
1. for i = 1 to N do S(i)←i
2. for i = 1 to N do
   k←从 i,i+1…,N 中随机选取一个数
   交换 S(k) 和 S(i) 的值
```

图 4.1　Knuth Shuffle 算法

文献[30]指出如果 Knuth Shuffle 算法中 k 的生成是真随机的，那么该算法能以相同的概率生成每一个置换。从图 4.1 中可知 Knuth Shuffle 算法实现的是集合 $\{0,1,\cdots,N-1\}$ 上的完全置换，算法的 CPU 和存储空间耗费均为 $O(N\log N)$。当 N 值大于 10^4 时，该算法因耗费大而不实用。分析发现，实际应用中常常只要对输入计算其对应的置换值而不需要集合上的完全置换。基于此思想，本章在含有 N 个整数的集合上构造一种置换算法 Permutation，对于任意一个输入 x，Permutation 能随机生成一个置换 π，且满足：

（1）所有可能的 π 都以相同的概率生成；

（2）对于任意一个输入 x，$\pi(x)$ 的计算时间远小于 $O(N)$。

具体来说,构造的置换过程中包括以下四个算法:

(1) Separator 算法:执行交换操作。Separator 算法从一个含有 N 个元素的分组中选取 M 个元素,通过选取操作把分组"分成"左右两部分。对于分组中的每个元素来说要么"被选中"交换到分组的左边部分;要么"未被选中"而交换到分组的右边部分。

(2) UnSeparator 算法:是 Separator 算法的逆操作。

(3) Permutation 算法:执行混淆操作。对于任意一个输入 x,Permutation 算法首先调用 Separator 算法来确定 x 的"去向"(即被交换到分组的左边部分还是右边部分)。若 x 被交换到了左边部分,则接着对左边部分递归执行 Permutation 操作,直到分组元素个数为 1 时,算法停止并输出这个元素值;同理对分组的右边部分做同样的操作。输出的值为 x 的一个置换,即为 $\pi(x)$。

(4) UnPermutation 算法:是 Permutation 算法的逆操作。

4.2.2　Separator 算法

Separator 算法有三个输入:

(1) 整数 N,M,满足 $0 \leqslant M \leqslant N, N \neq 0$;

(2) 整数 x,满足 $0 \leqslant x \leqslant N-1$;

(3) 密钥 k。

Separator 算法设计时有两个难点：

（1）怎样从 N 个元素中选取 M 个元素，且选取过程可逆？

（2）如何保证选取过程随机？保持元素间的大小顺序可以使选取过程可逆。但如何使元素的选取过程随机呢？

为解决上述两个难点，本书从概率论中借用工具。考虑负超几何分布的定义：从 N 个球中抽取 M 个白球。每次取一个球，取后不放回，称取到一个白球为"一次成功的实验"，则恰有 r 次成功的实验次数 X 是个随机变量且服从负超几何分布。从负超几何概率分布的定义可以看出，抽取操作把 N 个球分成了两部分：一部分是 X 个球，其中含有 r 个白球；另一部分是 $N-X$ 个球，其中含有 $M-r$ 个白球，X 由负超几何随机变量的抽样算法产生。这种随机过程恰好能解决 Separator 算法中的第（2）个难点。算法执行时，调用负超几何随机变量抽样算法从 N 个元素中选取 M 个元素，通过选取操作，分组中的元素要么"被选中"交换到分组的左边部分；要么"未被选中"而交换到分组的右边部分。图 4.2 给出了 16 个元素执行一次 Separator 算法后元素位置的变换示意图，图中黑色的结点代表"被选中"的元素，白色的结点代表"未被选中"的元素。

Separator 算法的具体执行过程是如何的？即图 4.2 中的元素是如何选取，又是如何变换位置的？接下来详细描述这个过程。为了描述清晰，本书使用"选择树"的概念，"选择

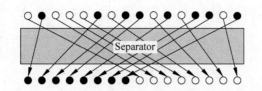

图 4.2　Separator 算法执行结果示意图

树"是一棵二叉树,树中有若干个树枝结点和 N 个树叶结点,其中树叶结点代表了 N 个元素,树枝结点"管理"树叶结点且有结点值,其值表示的是从管理的元素中选取的元素个数,显然选择树的根结点管理 N 个元素,结点值是 M。Separator 算法执行过程分为两个阶段:

(1)"选择树"的构造阶段。选择树由根结点开始,由上往下构造。在构造根结点的左儿子结点和右儿子结点时,利用负超几何随机变量抽样算法 NHGMultiplySample 生成随机变量 u,令左儿子结点管理的元素个数为 u,结点值为 $\left\lfloor \dfrac{M}{2} \right\rfloor$,意思表示从左儿子结点管理的 u 个元素中随机选取 $\left\lfloor \dfrac{M}{2} \right\rfloor$ 个元素;令右儿子结点管理的元素个数为 $N-u$,结点值为 $M-\left\lfloor \dfrac{M}{2} \right\rfloor$,意思表示从右儿子结点管理的 $N-u$ 个元素中随机选取 $M-\left\lfloor \dfrac{M}{2} \right\rfloor$ 个元素。接着分别构造以左儿子结点为根结点的"左子选择树",以右儿子结点为根结点的"右子选择树",直到每个结点的结点值为 1 时构造过程终止。从选择树的构造过程可知,Separator 算法多次调用 NHGMultiplySample

算法生成随机变量。实际中,Separator 算法从 N 个元素中随机选取 M 个元素,有 $\begin{bmatrix} N \\ M \end{bmatrix}$ 种可能的抽选结果,每种结果均对应着唯一的一棵选择树。图 4.3 给出的是 $N=16,M=8$ 时的一棵选择树示意图。

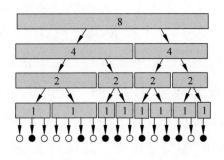

图 4.3 一棵选择树

  （2）元素交换阶段。把第（1）阶段选中的元素依次交换到选择树左部,未选中的元素依次交换到选择树的右部。交换过程满足:如果结点 x_i,x_j 被选中且 $x_i<x_j$,那么 x_i,x_j 均被交换到 x_M 结点的左部,且 x_i 被置于 x_j 的左部;如果 x_i, x_j 未被选中且 $x_i<x_j$,那么 x_i,x_j 均被交换到 x_{M+1} 结点的右部,且 x_i 被置于 x_j 的左部。这意味着被选中的 M 个元素下标值变为 $0,1,\cdots,M-1$ 并且元素间原始的顺序关系被保持,同样未被选中的 $N-M$ 个元素下标值变为 $M,M+1,\cdots,$ $N-1$ 并且元素间原始的顺序关系也被保持。Separator 算法描述如图 4.4 所示。

Separator (N, M, x)

　　输入：N, M 是两个正整数满足 $0 \leqslant M \leqslant N, N \neq 0$

　　　　　x 是个正整数满足 $0 \leqslant x \leqslant N-1$

　　输出：y 是个正整数

1. 假如 $M = 1$，那么 $c \leftarrow GetCoins(1^{1_N}, (N, M, x))$

　　　　　　　　$s \leftarrow$ 利用随机流 c 从 N 个元素中均匀随机地选取一个元素

　　　　　　　　返回 s

2. $r = \lfloor M/2 \rfloor$

3. $cc \leftarrow GetConis(1^{1}, (N, M, x))$

4. $u \leftarrow NHGMultiplySample(N, M, r, cc)$

5. 假如 $x = u$，返回 r

6. 假如 $x > u$，转步骤 9

7. $s \leftarrow Separator(u-1, r-1, x)$

8. 假如 $s < r$ 返回 s，否则返回 $(s-r) + M$

9. $s \leftarrow Separator(N-u, M-r, x-u)$

10. 假如 $s < M-r$ 返回 $s+r$，否则返回 $s+M$

图 4.4　Separator 算法

4.2.3　UnSeparator 算法

　　UnSeparator 算法是 Separator 算法的逆操作。对于输入 y，UnSeparator 算法是回朔选取和位置交换的过程，通过调用负超几何随机变量抽样算法 NHGMultiplySample 查看数组元素如何被拆分，如果 y 值小于 M，表示 y 是"被选中"的元素，从而确定 y 被交换前的位置，接着对选中的这部分元素集合递归调用 UnSeparator 算法。每次调用，M 值都会减少，一直到 M 为 1 时递归调用停止。最后，从当前的集合中随机选取一个元素，如果元素值和 y 相等，就把集合中最小元素输出,这个最小元素就是 x 输出,满足 Separator(N, M, x) = y。UnSeparator 算法描述如图 4.5 所示。

UnSeparator (N, M, y)
  输入: N, M 是两个正整数满足 $0 \leqslant M \leqslant N, N \neq 0$
     y 是个正整数满足 $0 \leqslant y \leqslant N - 1$
  输出: x 是个正整数
1. 假如 $M = 1$,那么 $x \leftarrow N$ 个元素中的最小下标
       $c \leftarrow$ GetCoins($1^{1_N}, (N, M, x)$)
       $s \leftarrow$ 利用随机流 c 从 N 个元素中均匀随机地选取一个
        元素
       假如 $s = y$,那么返回 x; 否则返回 $\perp$
2. $r = \lfloor M/2 \rfloor$
3. $cc \leftarrow$ GetCoins($1^l . (N, M, x)$)
4. $u \leftarrow$ NHGMultiplySample(N, M, r, cc)
5. 假如 $y > M$ 转步骤 8
6. 假如 $y = r$ 返回 u
7. 假如 $y < r$ 返回 UnSeparator($u - 1, r - 1, y$)
   否则 返回 $M +$ UnSeparator($N - u, M - r, y - r$)
8. 假如 $y < M + r$ 返回 UnSeparator($u, r, y - M + r$)
   否则 返回 $M +$ UnSeparator($N - u, M - r, y - M$)

图 4.5 UnSeparator 算法

4.2.4 Permutation 算法

Permutation 算法实现的是混淆操作,目的是使元素尽可能地扩散。用一棵二叉树描述 Permutation 算法的执行过程: 二叉树中的每一个结点都执行一次 Separator 操作变换元素位置,对于任意一个输入 x,要找到它的一个置换值,只需要从二叉树的根结点出发,从上往下跟踪 x 的位置变换过

程,直到找到树叶结点为止,这个树叶结点就是 x 的一个置换值。具体执行过程分为 3 个步骤:

(1) Separator 阶段:对于分组 $x_0, x_1, \cdots, x_{N-1}$ 随机构造一棵选择树计算分组中每个元素的交换位置,得到 $x_0', x_1', \cdots, x_{N-1}'$。

(2) 迭代阶段:分别计算 $x_0', x_1', \cdots, x_{N/2-1}'$ 中每个元素的置换值 $y_0, y_1, \cdots, y_{N/2-1}, x_{N/2}', x_{N/2+1}', \cdots, x_{N-1}'$ 中每个元素的置换值 $y_{N/2}, y_{N/2+1}, \cdots, y_{N-1}$。

(3) 将阶段(1)和(2)的结果输出。

当 $N=16, M=8$ 时集合元素置换过程如图 4.6 所示。

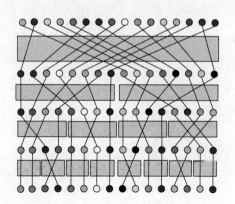

图 4.6　Permutation 过程示意图

从图 4.6 中可知,Permutation 算法的执行过程中多次调用 Separator 算法,图中每个矩形框就是 Separator 算法的一次执行。

Permutation 算法描述如图 4.7 所示。

```
Permutation(N, x)
    输入: N, x 是两个整数满足 0 ≤ x ≤ N - 1
    输出: π(x)
1. 假如 N = 1 返回 x
2. M = ⌊N/2⌋
3. s ← Separator(N, M, x)
4. 假如 s < M, 返回 Permutation(M, s)
       否则 返回 M + Permutation(N - M, s - M)
```

图 4.7 Permutation 算法

4.2.5　UnPermutation 算法

UnPermutation 算法是 Permutation 算法的逆操作,算法的输出为 $\pi^{-1}(y)$,满足 Permutation($N, \pi^{-1}(y)$) = y 执行,过程如图 4.8 所示。

```
UnPermutation (N, y)
    输入: N, y 是两个正整数满足 0 ≤ y < N - 1
    输出: π⁻¹(y) 是个正整数
1. 假如 N = 1 返回 y
2. M = ⌊N/2⌋
3. 假如 y < M, 返回 t ← UnPermutation(M, y)
            否则, 返回 t ← M + UnPermutation(N - M, y - M)
4. 返回 UnSeparator(N, M, t)
```

图 4.8 UnPermutation 算法

4.2.6　正确性证明

定理 4.1　若 GetCoins 的返回值 c 是真随机流,那么

Separator 算法执行从 N 个元素中随机选取 M 个元素的操作,共有 $\begin{bmatrix} N \\ M \end{bmatrix}$ 种不同的选法,且任意一种选法均以 $\dfrac{1}{\begin{bmatrix} N \\ M \end{bmatrix}}$ 的概率被选中。

证明:

对 N 和 M 进行归纳证明。

(1) 当 $M=1$ 时,根据算法描述,Separator 算法将从 N 个元素中均匀随机地选取一个元素,因此每个元素被选中的概率都为 $\dfrac{1}{N}$,而 $\dfrac{1}{N} = \dfrac{1}{\begin{bmatrix} N \\ 1 \end{bmatrix}}$,定理成立。

(2) 考虑 N', M',其中 $M' < M$ 或 $(M' = M$ 但是 $N' < N)$。根据归纳假设 Separator$(N', M',)$ 执行从 N' 个元素中选取 M' 个元素操作,共有 $\begin{bmatrix} N' \\ M' \end{bmatrix}$ 种不同选法,每种选法均以 $\dfrac{1}{\begin{bmatrix} N' \\ M' \end{bmatrix}}$ 的概率被选中。

(3) 考虑 N, M,其中 $1 < M < N$。第一次调用 Separator 算法时,首先执行 NHGSample 生成变量 u,接下来算法有三条不同的执行路径:① 当 $x=u$ 时,算法输出 r 后终止。② $x < u$ 时,计算 Separator$(u-1, r-1, x, K)$ 并输出结果。③ $x > u$ 时,计算 Separator$(N-u, M-r, x-u, K)$ 并输出计算结果。

从 N 个元素中选取 M 个元素,每种选法均以 $\dfrac{1}{\binom{N}{M}}$ 的概

率被 Separator 算法选中,当且仅当下列三个事件成立:
①T1,NHGMultipleSample 算法返回值 u 服从负超几何分
布。② T2,从 $u-1$ 个元素中选取 $r-1$ 个元素,共有

$\binom{u-1}{r-1}$ 种不同的选法,每种选法均以 $\dfrac{1}{\binom{u-1}{r-1}}$ 的概率被

Separator 算法选中。③T3,从 $N-u$ 个元素中选取 $M-r$ 个

元素,共有 $\binom{N-u}{M-r}$ 种不同的选法,每种选法均以 $\dfrac{1}{\binom{N-u}{M-r}}$ 的概

率被 Separator 算法选中。

根据条件概率的定义,T2 和 T3 互相独立,所以有

$$\Pr[\text{T1} \cap \text{T2} \cap \text{T3}] = \Pr[\text{T1}] \cdot \Pr[\text{T2} \cap \text{T3} \mid \text{T1}]$$

$$= \Pr[\text{T1}] \cdot \Pr[\text{T2} \mid \text{T1}] \cdot \Pr[\text{T3} \mid \text{T1}]$$

因为 NHGMultipleSample(N, M, r) 返回随机变量 $u \sim$

NHGD(r, N, M),其中 $r = \left\lfloor \dfrac{M}{2} \right\rfloor$,于是有

$$\Pr[\text{T1}] = \frac{\dbinom{u-1}{\left\lfloor \frac{M}{2} \right\rfloor - 1} \dbinom{N-u}{M - \left\lfloor \frac{M}{2} \right\rfloor}}{\dbinom{N}{M}}$$

根据定义,$u-1<N$ 和 $r-1<M$,由归纳假设有 $\Pr[T2|T1]=\dfrac{1}{\dbinom{u-1}{\left\lfloor\dfrac{M}{2}\right\rfloor-1}}$ 同样的,有 $\Pr[T3|T1]=\dfrac{1}{\dbinom{N-u}{M-\left\lfloor\dfrac{M}{2}\right\rfloor}}$。

因此

$\Pr[T1\bigcap T2\bigcap T3]$

$$=\frac{\dbinom{u-1}{\left\lfloor\dfrac{M}{2}\right\rfloor-1}\dbinom{N-u}{M-\left\lfloor\dfrac{M}{2}\right\rfloor}}{\dbinom{N}{M}}\cdot\frac{1}{\dbinom{u-1}{\left\lfloor\dfrac{M}{2}\right\rfloor-1}}\cdot\frac{1}{\dbinom{N-u}{M-\left\lfloor\dfrac{M}{2}\right\rfloor}}=\frac{1}{\dbinom{N}{M}}$$

得证。

定理 4.2　若 GetCoins 返回的 c 是真随机流,那么 Permutation 算法生成 N 个元素集合上任意一个完美置换 π 的概率均为 $\dfrac{1}{N!}$。

证明:

对 N 进行归纳证明。

(1) 当 $N=1$ 时,根据 Permutation 算法描述,结论成立。

(2) 当 $N>1$ 时,当且仅当以下三个事件发生时,生成置换 π。第一阶段,调用 Separator 算法选取 $x_{t_0},x_{t_1},\cdots,x_{t_{\left\lfloor\frac{N}{2}\right\rfloor-1}}$,分别交换到数组下标为 $0,1,\cdots,\left\lfloor\dfrac{N}{2}\right\rfloor-1$ 的位置,记为 $x'_0,x'_1,\cdots,x'_{\left\lfloor\frac{N}{2}\right\rfloor-1}$。其余 $x_{t_{\left\lfloor\frac{N}{2}\right\rfloor}},x_{t_{\left\lfloor\frac{N}{2}\right\rfloor+1}},\cdots,x_{t_{N-1}}$ 分别交换到数组下标

为 $\left\lfloor\dfrac{N}{2}\right\rfloor$，$\left\lfloor\dfrac{N}{2}\right\rfloor+1,\cdots,N-1$ 的位置，记为 $x'_{\left\lfloor\frac{N}{2}\right\rfloor}$，$x'_{\left\lfloor\frac{N}{2}\right\rfloor+1}$，$\cdots$，$x'_{N-1}$。由定理 4.1 可知，若 GetCoins 返回的 c 是真随机流，那么 Separator 算法执行从 N 个元素中选取 $\left\lfloor\dfrac{N}{2}\right\rfloor$ 个元素的操作，共有 $\left(\begin{array}{c} N \\ \left\lfloor\frac{N}{2}\right\rfloor \end{array}\right)$ 种不同的选法，任意一种选法均以 $\dfrac{1}{\left(\begin{array}{c} N \\ \left\lfloor\frac{N}{2}\right\rfloor \end{array}\right)}$ 的概率被选中。第二阶段，随机选取一个置换 π，计算 x'_0，x'_1，$\cdots$，$x'_{\left\lfloor\frac{N}{2}\right\rfloor-1}$ 对应的置换值 y_0，y_1，$\cdots$，$y_{\left\lfloor\frac{N}{2}\right\rfloor-1}$，根据归纳假设可知 $\left\lfloor\dfrac{N}{2}\right\rfloor$ 个元素集合上任意一个置换 π，被选中的概率为 $\dfrac{1}{\left\lfloor\frac{N}{2}\right\rfloor!}$。

第三阶段，随机选取一个置换 π，计算 $x'_{\left\lfloor\frac{N}{2}\right\rfloor}$，$x'_{\left\lfloor\frac{N}{2}\right\rfloor+1}$，$\cdots$，$x'_{N-1}$ 对应的置换值 $y_{\left\lfloor\frac{N}{2}\right\rfloor}$，$y_{\left\lfloor\frac{N}{2}\right\rfloor+1}$，$\cdots$，$y_{N-1}$，根据归纳假设 $N-\left\lfloor\dfrac{N}{2}\right\rfloor$ 个元素集合上任意一个置换 π 被选中的概率为 $\dfrac{1}{\left(N-\left\lfloor\frac{N}{2}\right\rfloor\right)!}$。

（3）由于第一阶段、第二阶段和第三阶段的事件互相独立，因此生成 N 个元素集合上的任意一个完美置换 π 的概率为

$$\dfrac{1}{\left(\begin{array}{c} N \\ \left\lfloor\frac{N}{2}\right\rfloor \end{array}\right)}\cdot\dfrac{1}{\left\lfloor\frac{N}{2}\right\rfloor!}\cdot\dfrac{1}{\left(N-\left\lfloor\frac{N}{2}\right\rfloor\right)!}=\dfrac{1}{N!}$$

得证。

4.3　十进制短分组加密方案 NHG-SBC

4.3.1　新方案构造

本节对 4.2 节中提出的随机置换进行修改,构造一种十进制短分组加密方案 NHG-SBC(Small Block Cipher Based on Negative Hypergeometric Distribution),该加密方案的本质是能在密钥的控制下从一个足够多的置换集合中快速选出一个置换来对明文进行变换。具体思路如下:用一个带密钥的、输入输出长度均可变的伪随机函数 TapeGen 生成随机比特流 c,对 Permutation 算法修改得到加密算法,对 UnPermutation 算法修改得到解密算法,证明如果加密算法能被敌手攻破,那伪随机函数 TapeGen 也能被敌手攻破,而伪随机函数是不可攻破的,因此加密方案是安全的。

NHG-SBC 加密方案中的 NHGMultiplySample$_{\text{TapeGen}}$ 算法、Separator$_{\text{TapeGen}}$ 算法 UnSeparator$_{\text{TapeGen}}$ 算法与 4.2 节中提出的 NHGMultiplySample 算法、Separator 算法和 UnSeparator 算法不同在以下两点:

(1)比特流 c 的生成。由于加密过程 N, M, r 的值一直发生变化,所需要的随机流 c 其长度也相应发生变化。本书利用一个输入长度和输出长度均可变的伪随机函数生成 c。

文献[34]中构造了这样的一种伪随机函数 TapeGen,文献中利用带密钥的输入长度可变的伪随机函数生成随机流,然后把生成的随机流作为一个输出长度可变的伪随机发生器的种子,最后伪随机发生器的输出作为 TapeGen 的输出,即 $\text{TapeGen}=G(1^l,F(K,x))$,其中 F 是输入长度可变的伪随机函数,G 是输出长度可变的伪随机发生器。

(2) $\text{NHGMultiplySample}_{\text{TapeGen}}$ 中 TapeGen 输出长度为 l_i 的 01 比特串 $R_i,i=1,2$,但 $\text{NHGMultiplySample}_{\text{TapeGen}}$ 中的步骤 4 和步骤 7 中,随机数 ξ_1,ξ_2 是十进制数,因此定义 $\xi_i = \sum_{k=0}^{l_i} R_i^j 2^{-k-1},i=1,2$,其中 R_i^j 表示的是 R_i 的第 j 位比特,$j=1,2,\cdots$。

$\text{Separator}_{\text{TapeGen}}$ 算法描述如图 4.9 所示,为了突出将算法中不同部分加下画线显示。

$\text{Separator}_{\text{TapeGen}}(N,M,x,K)$
　输入:N,M 是两个正整数满足 $0 \leqslant M \leqslant N,N \neq 0$
　　　　x 是个正整数满足 $0 \leqslant x \leqslant N-1$
　输出:y 是个正整数
1. 假如 $M=1$,那么
　　　$c \leftarrow \text{TapeGen}(K,1^{l_N},(N,M,x))$
　　　$s \leftarrow$ 利用随机流 c 从 N 个元素中均匀随机地选取一个元素
　　　返回 s
2. $r = \left\lfloor \dfrac{M}{2} \right\rfloor$
3. $u \leftarrow \text{NHGMultiplySample}'(N,M,r,K)$
4. 假如 $x=u$ 返回 r
5. 假如 $x>u$ 转步骤 8
6. $s \leftarrow \text{Separator}_{\text{TapeGen}}(u-1,r-1,x,K)$
7. 假如 $s<r$ 返回 s,否则返回 $(s-r)+M$
8. $s \leftarrow \text{Separator}_{\text{TapeGen}}(N-u,M-r,x-u,K)$
9. 假如 $s<M-r$ 返回 $s+r$,否则返回 $s+M$

图 4.9 Separator$_{\text{TapeGen}}$算法

对任意 $k \in K$,加密算法的算法描述如图 4.10 所示。

$E(N, x, K)$
  输入：N, x 是两个整数满足 $0 \leqslant x \leqslant N-1$
  输出：$\pi(x)$
1. 假如 $N = 1$, 返回 x
2. $M = \left\lfloor \dfrac{N}{2} \right\rfloor$
3. $s \leftarrow \text{Separator}_{\text{TapeGen}}(N, M, x, K)$
4. 假如 $s < M$, 返回 $E(M, s, K)$
5. 否则返回 $M + E(N-M, s-M, K)$

图 4.10 加密算法

UnSeparator$_{\text{TapeGen}}$算法描述如图 4.11 所示。

$\text{UnSeparator}_{\text{TapeGen}}(N, M, y, K)$
  输入：N, M 是两个正整数满足 $0 \leqslant M \leqslant N, N \neq 0$
       y 是个正整数满足 $0 \leqslant y \leqslant N-1$
  输出：x 是个正整数
1. 假如 $M = 1$, 那么 $x \leftarrow N$ 个元素中的最小下标值
       $c \leftarrow \text{TapeGen}(K, 1^{\lambda}, (N, M, x))$
       $s \leftarrow$ 利用随机流 c 从 N 个元素中均匀随机地选取一个元素
       假如 $s = y$ 返回 x
       否则返回 $\perp$
2. $r = \left\lfloor \dfrac{M}{2} \right\rfloor$
3. $u \leftarrow \text{NHGMultiplySample}'(N, M, r, K)$
4. 假如 $y > M$, 转步骤 7
5. 假如 $y = r$, 返回 u
6. 假如 $y < r$, 返回 $\text{UnSeparator}_{\text{TapeGen}}(u-1, r-1, y, K)$
       否则返回 $M + \text{UnSeparator}_{\text{TapeGen}}(N-u, M-r, y-r, K)$
7. 假如 $y < M + r$, 返回 $\text{UnSeparator}_{\text{TapeGen}}(u, r, y-M+r, K)$
       否则返回 $M + \text{UnSeparator}_{\text{TapeGen}}(N-u, M-r, y-M, K)$

图 4.11 UnSeparator$_{\text{TapeGen}}$算法

对任意 $k \in K$，解密算法是逆置换 UnPermutation 的修改。其算法描述如图 4.12 所示。

$E^{-1}(N, y, K)$
    输入：N, y 是两个正整数满足 $0 \leqslant y < N - 1$
    输出：$\pi^{-1}(y)$ 是个正整数
1. 假如 $N = 1$ 返回 y
2. $M = \left\lfloor \dfrac{M}{2} \right\rfloor$
3. 假如 $y < M$ 返回 $t \leftarrow E^{-1}(M, y, K)$
    否则，$t \leftarrow M + E^{-1}(N - M, y - M, K)$
4. 返回 $\text{UnSeparator}_{\text{TapeGen}}(N, M, t, K)$

图 4.12　解密算法

$\text{NHGMultiplySample}_{\text{TapeGen}}$算法描述如图 4.13 所示。

$\text{NHGMultiplySample}_{\text{TapeGen}}(N, M, r, K)$
    输入：N, M 是两个正整数满足 $0 \leqslant M \leqslant N - 1$
    输出：x 是个正整数
1. $a = 1.25$，$p = \dfrac{M}{N}$，$q = 1 - p$
2. $R_1 \leftarrow \text{TapeGen}(K, 1^{l_1}, (N, M, r))$
3. $R_2 \leftarrow \text{TapeGen}(K, 1^{l_2}, (N, M, r))$
4. $x \leftarrow \text{NB}(r, p; \xi_1)$
5. 假如 $x < r$ 或者 $x > N - M + r$，转步骤 2
6. $H \leftarrow \left\{ 1 + \dfrac{x(x-1)}{2N} - \left[\dfrac{(x-r)(x-r-1)}{2Nq} + \dfrac{r(r-1)}{2Np} \right] \right\}$
7. 假如 $\xi_2 \leqslant H/a$，返回 x
8. 转步骤 2

图 4.13　$\text{NHGMultiplySample}_{\text{TapeGen}}$算法

4.3.2　性能分析

设计加密算法时，需要考虑计算开销和存储开销，计算开销用生成一个密文所需要的随机比特流来度量,存储开销用生成一个密文所需要的内存空间来度量。本节将分析 NHG-SBC 方案在这两方面的性能,并将其与另外两个典型的同类型的方案进行比较。

定理 4.3　对任意一个明文输入,$\text{Separator}_{\text{TapeGen}}$算法最多执行 $\log M+1$ 次递归操作后终止且最多执行 $2 \cdot (\log_2 M+1)$ 次 TapeGen 算法生成随机流。

证明:

对任意一个明文输入 x,$\text{Separator}_{\text{TapeGen}}(N, M, x, K)$用递归方法计算 x 的交换位置并输出。每次递归操作 M 的值都减半,在最坏情况下,执行 $\log_2 M+1$ 次递归后,M 的值变为 1,算法终止。

在 $\text{Separator}_{\text{TapeGen}}$算法中调用了负超几何随机变量抽样算法 $\text{NHGMultiplySample}_{\text{TapeGen}}$,$\text{NHGMultiplySample}_{\text{TapeGen}}$ 每执行一次调用两次 TapeGen 生成随机流,因此 $\text{Separator}_{\text{TapeGen}}$算法最多执行 $2 \cdot (\log_2 M+1)$ 次 TapeGen 运算生成随机流。

得证。

定理 4.4　对任意一个明文输入,加密算法最多执行 $\log N+1$ 次递归操作计算对应的密文。

证明:

根据图 4.10 的描述,加密算法 $\text{Enc}(K, X)$ 是个递归操作,每执行一次递归,N 的值都减半,在最坏情况下加密算法

执行 $\log_2 N+1$ 次递归后，N 的值变为 1，算法终止，输出密文。

得证。

由结合定理 4.3 和定理 4.4 的结论可知，加密算法最多执行 $\log N+1$ 次后终止，而加密算法每递归一次就调用一次 $Separator_{TapeGen}$，因此对任意一个明文，加密算法最多执行 $2 \cdot (\log_2 M+1) \cdot (\log_2 N+1)$ 次 TapeGen 运算来生成随机流。

定理 4.5 对任意一个明文输入，加密算法最多占用 $O(\log N)$ 存储空间。

证明：

如果选择树是平衡的，那么对于任意一个明文输入，通过选择树找到对应的密文（即叶子结点），最多需要经过 $\log_2 N+1$ 个中间结点，加密算法最多占用 $O(\log_2 N)$ 个存储空间来存储这些中间结点。

得证。

NHG-SBC 方案与 GP 方案[28]、Knuth Shuffle[29] 方案的性能比较如表 4.1 所示。

表 4.1 方案性能比较

性能 \ 方案	GP 方案	Knuth Shuffle	NHG-SBC 方案
存储开销	$O(\log N)$	$O(N\log N)$	$O(\log N)$
计算开销	$O((\log N)^3)$	$O(N\log N)$	$O((\log N)^2)$

在存储开销上，NHG-SBC 方案和 GP 方案所需要的存储空间相同，但是比 Knuth Shuffle 方案的存储开销小；在计算开销方面，NHG-SBC 方案的开销比 Knuth Shuffle 方案和

GP 置换方案的开销都小。因此，这两种方案相比，NHG-SBC 方案具有更高的效率。

4.3.3 安全性证明

对称密码体制的基础模块是伪随机函数，通常来说安全性可以归约到基础模块的安全性上。因此，伪随机性是对称密码体制的一个重要的安全目标。十进制短分组加密方案 NHG-SBC 是一种对称密码，本节将在随机预言机模型中证明该方案满足 PRP 安全，即攻击者不能区分是消息空间内置换集合中的某个随机置换还是 NHG-SBC 加密方案，能抵抗攻击者的 N 次问询。

定理 4.6 任意敌手 A 攻击十进制分组加密方案 NHG-SBC，最多向预言机提出 q 次查询请求，则存在敌手 B 攻击伪随机函数 TapeGen，且满足

$$\text{Adv}_{\text{NHG-SBC}}^{\text{PRP-CCA}}(A) \leqslant \text{Adv}_{\text{TapeGen}}^{\text{LF-PRF}}(B) + \lambda$$

敌手 B 最多向其预言机提出 $q_1 = q \cdot 2 \cdot (\log_2 M + 1) \cdot (\log_2 N + 1)$ 次问询，其中 $\text{Adv}_{\text{TapeGen}}^{\text{LF-PRF}}(B)$ 表示敌手 B 攻击伪随机函数 TapeGen 时的概率优势，λ 是负超几何概率值的抽样误差。

证明：

在随机预言机模型中证明上述结论。

$$\text{Adv}_{\text{NHG-SBC}}^{\text{PRP-CCA}}(A) = \Pr\left[k \xleftarrow{\$} K : A^{E_k(\cdot), E_k^{-1}(\cdot)} = 1 \right] -$$

$$\Pr\left[\pi \xleftarrow{\$} RP_X : A^{\pi,\pi^{-1}} = 1\right]$$

$$=\Pr\left[k \xleftarrow{\$} K : A^{E_k(\cdot),E_k^{-1}(\cdot)} = 1\right] -$$

$$\Pr\left[\pi \xleftarrow{\$} \text{Permutation}_X : A^{\pi,\pi^{-1}} = 1\right]$$

$$\leqslant \text{Adv}_{\text{TapeGen}}^{\text{LF}-\text{PRF}}(B)$$

根据定义,第一个等式成立。依据定理 4.2 的结论,第二个等式成立。现证明第三个不等式。

假设存在一个 PPT 敌手 A 能够以不可以忽略的优势攻击 NHG-SBC 方案成功,即 A 在执行一定次数的加解密查询后,判定预言机是随机置换预言机还是加密预言机。构造另一个 PPT 敌手 B(或称为仿真器的算法),算法 B 调用算法 A,并模拟加解密过程,当敌手 A 需随机流时,B 访问自己的预言机获得输出,并把此输出作为加解密过程中用到的比特流,最后 B 输出 A 的最终输出。由 Enc 算法和 Dec 算法的构造过程可知,Enc 和 Dec 与 Permutation 及 UnPermutation 唯一的不同之处在于:算法中使用的比特流是由伪随机函数 TapeGen 生成,而 Permutation 及 UnPermutation 中使用的是真随机流。不难得到,如果 A 能成功区分预言机是加密算法还是随机置换,那么 B 就能成功区分伪随机函数 TapeGen 和真随机函数,从而攻破 TapeGen。但伪随机函数是不可区分的,因此敌手 A 无法区分加密算法预言机和随机置换预言机。

在加密过程中,需要对负超几何随机变量进行抽样,抽样要计算其概率的精确值,在实际中,精确值的计算是无法实现的。定理中 λ 表示的是负超几何概率值的计算误差,使用第 3 章提出的改进负二项近似来计算负超几何概率值,近似误差为 $O\left(\dfrac{1}{N^2}\right)$ 且误差随着 N 的增大而快速减少。加密方案中消息空间大小为 N,其中 $10^9 \leqslant N \leqslant 10^{20}$。当 $N = 10^9$ 时,$\dfrac{1}{N^2} \leqslant 2^{-60}$;当 $N = 10^{20}$ 时,$\dfrac{1}{N^2} < 2^{-135}$,因此 λ 的最大值为 2^{-60},是个可忽略的量。

得证。

定理 4.6 将加密方案的安全性规约到了伪随机函数的安全性上,结论表明对任意敌手,如能攻破 NHG-SBC 加密方案,那么就存在敌手能把伪随机函数 TapeGen 和真随机函数区分开来,而伪随机函数是无法和真随机函数区分开来的,敌手攻击伪随机函数的概率优势是可忽略的,因此任意一个敌手攻击加密方案 NHG-SBC 的概率优势都是可忽略的。根据定义 4.6 可知,NHG-SBC 方案达到了 PRP 安全,即伪随机置换安全。文献[17]的研究结论指出,如果一个加密方案达到了伪随机置换安全,那么该方案能抵抗敌手的 N 次问询,因此方案 NHG-SBC 能抵抗敌手的 N 次问询。另外,根据方案的构造过程可以看出,该方案即适用于 N 值为偶数的应用,又适用于 N 值为奇数的应用。

Black 等人在 2002 年提出的 BR 方案、Pryamikov V 在

2006 年提出的 P 方案、Granboulan 在 2007 年提出的 GP 方案、Morris 等人在 2009 年提出的 MR 方案和本书提出的 NHG-SBC 方案在安全性上的比较如表 4.2 所示。

表 4.2 方案安全性比较

方案	适用任意大小的数据集	抵抗敌手 $q \ll N$ 问询	抵抗敌手 $q = N$ 问询
BR 方案	是	是	不
P 方案	不	不	不
GP 方案	是	是	是
MR 方案	是	是	不
NHG-SBC 方案	是	是	是

从表 4.2 中可以看出，与其他几个方案相比较，NHG-SBC 方案具有较高的安全等级，既适用于 N 值为奇数的应用，又适用于 N 值为偶数的应用。尽管新方案有上述优点，但是由于方案采用递归法构造，加密一个明文所需要的时间与 N 的大小相关，N 越大，加密时间越长，方案效率就越低。

4.4 本章小结

本章主要工作如下：

（1）以 Knuth Shuffle 理论为基础，把第 3 章提出的负超几何随机变量的高效抽样算法作为工具，在集合 Z_N 上构造了一种生成随机置换的算法。安全性证明表明：假如置换算法内使用的比特流是真随机的，那么算法生成 Z_N 上任意完美置换的概率均是$\dfrac{1}{N!}$。

（2）在集合Z_N，$10^9 \leqslant N \leqslant 10^{20}$上构造了一种十进制短分组加密方案，分析了方案的执行效率，指出对任意一个明文，每次加密需要$O(\log N)$的存储开销和$O((\log N)^2)$的计算开销。该加密方案的优点是：①保证了加解密的相似性，在加密、解密以及中间过程中数据类型均为十进制数；②明文空间和密文空间均为Z_N，其中$10^9 \leqslant N \leqslant 10^{20}$；③能抵抗敌手的$N$次问询；④既适用于$N$值为偶数的应用又适用于$N$值为奇数的应用。

基于负超几何分布的
十进制保序加密方案 NHG-OPES

加密是一种常用的保护用户隐私数据的方法。但数据（特别是数值型数据）被加密后，它们的一些属性发生变化（如有序性和可比性等），原来在明文上执行的查询或比较等操作现在无法直接在密文上执行。若对所有密文解密后再进行查询，则解密操作巨大的开销会对查询性能造成极大的影响。因此对密文的查询常常是制约加密应用到数据库的关键问题，目前对密文查询的研究取得了以下成果。

（1）在对密文的精确匹配上，Song 等人[76]提出了基于对称加密和数据异或运算的加密关键字检索算法；Boneh 等人[77]提出了基于双线性映射的加密关键字检索算法 PEKS；Ohtaki 等人[78]使用 BloomFilter 来存储关键字的各种布尔组合信息，从而实现了支持逻辑运算的密文检索；Liu 等人[79]

提出了基于双线性映射的加密关键字检索算法 EPPKS,算法为了减轻用户的计算负载,让服务提供者参与了一部分解密工作,提高了加密方案的适用性。以上这些加密算法,只能实现对密文的精确匹配查询,运算类型单一。

（2）在对密文的关系运算上,Czech 等人[80]构造了一个带权无环图实现了一种最小完美哈希函数,该函数具有保序性,而且它能够很好地隐藏原数据的值,但构造一个无环图可能需要多次操作。Belazzougui 等人[81]通过建立相关分级树和前缀匹配的方法实现了一个保序的最小完美哈希函数,这个哈希函数是单调变化,该函数是把数据映射到与该值相近的桶中,并没有隐藏原数据的值。保序的最小完美哈希函数能实现对密文的$>$,$<$,$\geqslant$,$\leqslant$关系运算。但是要用哈希函数来实现对数据的加密解密运算,需要存储一张映射表,当数据域很大时,存储映射表需要较大的存储空间。Wong 等人[82]设计了一个对称加密方案,该方案是基于向量标量积的,它达到 IND-CCA 安全,安全等级很高,但是由于其加密算法是不确定性和不保序性的,因此要找到满足条件的数据,必须搜索整个数据库,对于大型数据库来说,搜索效率很低。Boneh 等人[83,84]实现了支持关系运算检索的加密方案,该方案基于双线性映射理论设计,它的优点是安全性很高,达到了 IND-CCA 安全,但是其计算复杂度高,搜索效率为$O(N)$。Shi 等人[85]提出了 Interval Tree 的概念,并基于双线性映射原理实现了支持关系运算检索的加密方案。以上

两方案的优点都是能达到 IND-CCA 安全,但是不足之处在于计算量大,检索效率低。

(3) 在借助索引的方法对密文进行检索的研究上,Wang 等人[86]针对 XML 数据库提出了一个安全的加密方案。Hacıgümüş等人[87]将关系数据库中表的属性分为 5 类,并采用不同的加密方式,但是该方案中采用的粗粒度索引不能真正实现关系运算。黄汝维等人[88]就已有的保序加密算法不能同时满足高效性和安全性的要求,设计了一种随机数据结构——随机树,并构建了基于随机树的保序加密算法 OPEART,能够满足保序性,从而支持大规模数据库的快速检索,并支持各种关系运算,OPEART 安全性介于已有的保序加密算法和不保序的加密算法之间。

本章对 BCLO 加密方案进行改进,以负超几何分布的精确抽样算法为工具,采用二分搜索法在集合$\{1,2,\cdots,N\}$上构造一种十进制保序加密方案 NHG-OPES (Order-preserving Encryption System Based on Negative Hypergeometric Distribution)[89],该方案是个分组加密方案,具有如下 4 个特点:

(1) 加解密效率比 BCLO 方案快 5 倍,安全性更高;

(2) 加解密算法比 BCLO 方案简单;

(3) 在密文数据库上能方便地建立索引;

(4) 支持对加密数据的任何一种关系比较运算(如$=$,$>$,$<$,$\leqslant$,$\geqslant$,MAX 和 MIN 等),支持大规模数据库的有效

检索,检索效率为 $O(\log_2 N)$,其中 N 为密文空间大小。

下面首先介绍基本定义,然后详细描述加密方案的构造过程,最后证明安全性并分析其性能。

5.1　基本定义

定义 5.1　序（Order）

数据间的联系,可以是数据间的大小关系、顺序关系和前后位置关系等。

定义 5.2　保序（Order-perserving）

任意两个密文间的大小关系、顺序关系和前后位置关系与和其对应的明文间关系保持一致。

定义 5.3　保序函数（Order-perserving Function）

对于函数 $f: D \to R, D, R \in \mathbb{N}$ 来说, D, R 是两个有序集合且 $D=\{1,2,\cdots,M\}, R=\{1,2,\cdots,N\}, M \leqslant N$,如果对于 D 中任意两个元素 $x, y, f(x) > f(y)$ 当且仅当 $x > y$,称 f 是保序函数,在定义域 D,值域 R 上的所有保序函数 f 的集合记为 $\mathrm{OPF}_{D,R}$。

定义 5.4　对称加密方案（Symmetric Encryption Scheme）

一个对称加密方案 $\mathrm{SE}=(\mathrm{KeyGen}, \mathrm{Enc}, \mathrm{Dec})$ 由三个算法组成:

（1）随机化密钥生成算法 KeyGen,返回一个密钥 K。

（2）加密算法 Enc 可以是个随机的算法，也可以是一个确定的算法，当输入密钥 K、明文空间 D、密文空间 R 和一个明文 m 后，返回一个密文 c。

（3）解密算法 Dec 是个确定的算法，当输入密钥 K、明文空间 D、密文空间 R 和一个密文 c 后，返回一个明文 m 或一个表示无效密文的标识"$\perp$"。

对任意的 K 和明文 $m \in D$，均有 $\mathrm{Dec}(K, D, R, \mathrm{Enc}(K, D, R, m)) = m$。

定义 5.5 保序加密方案（Order-perserving Encryption Scheme）

对任意的 K 来说，如果对称加密方案 SE 中的 $\mathrm{Enc}(K, \cdot)$ 是保序函数，则称 SE 是一个保序加密方案。

定义 5.6 POPF-CCA 安全（POPF-CCA Security）

设 A^f 是一个可以查询预言机 f 的攻击者，f 要么是加密预言机 $\mathrm{Enc}_k(\cdot)$，要么是随机保序函数 $\mathrm{OPF}_{D,R}$ 的预言机。为了给攻击者足够多的攻击优势，允许攻击者执行此类查询——解密查询，并以解密预言机 $\mathrm{Dec}_k(\cdot)$ 对解密查询进行响应，进而对攻击者来说拥有足够多的明文密文对来获得有用信息。假定敌手 A 从不执行相同的查询，也从不执行消息空间外的查询，这样的攻击者 A 定义为保序加密方案 SE 的 POPF-CCA 攻击者，它的目标是在执行一定次数的加解密查询后，判定 f 使用的是加密预言机还是随机保序函数 $\mathrm{OPF}_{D,R}(\cdot)$ 预言机。定义攻击者 A 在攻击中可获得的优势为

$$\mathrm{Adv}_{\mathrm{SE}}^{\mathrm{POPF\text{-}CCA}}(A) = \Pr\left[k \xleftarrow{\$} K : A^{\mathrm{Enc}_k(\cdot),\mathrm{Dec}_k(\cdot)} = 1\right]$$

$$- \Pr\left[g \xleftarrow{\$} \mathrm{OPF}_{D,R} : A^{g(\cdot),g^{-1}(\cdot)} = 1\right]$$

$$(5.1)$$

式(5.1)度量了攻击者 A 区分保序加密方案 SE 和随机保序函数的概率优势。如果 $\mathrm{Adv}_{\mathrm{SE}}^{\mathrm{POPF\text{-}CCA}}(A)$ 是一个可忽略的量,则称方案 SE 达到了 POPF-CCA 安全。

5.2 新方案构造

Boldyreva 等人在文献[34]中证明了"在定义域 D,值域 R 上的所有保序函数 f 的集合 $\mathrm{OPF}_{D,R}$"与"从 N 个有序数中恰好抽取 M 个数的所有可能的取法"间存在双射关系,其中 $|D|=M$,$|R|=N$。而从 N 个有序数中恰好抽取 M 个数共有 $\begin{bmatrix} N \\ M \end{bmatrix}$ 种取法,因此集合 $\mathrm{OPF}_{D,R}$ 中所有保序函数 f 的个数为 $\begin{bmatrix} N \\ M \end{bmatrix}$ 个。针对任意一个输入 $x \in D$,如何选择一个 f,使得 $f(x)=y$ 且对于其他的 $x' \in D, x' < x$,满足 $f(x') < f(x)$ 呢? 定义域 D、值域 R 均为有序集合,把 y 值赋值给 $f(x)$,表示是从 $1,2,\cdots,y$ 中依次选取 x 个数出来,分别作为 $1,2,\cdots,x$ 的映射值,其中 y 恰好为 x 在 f 的映射下,为了满足保序性

的要求,$1,2,\cdots,x-1$ 这些数对应的映射值必须是 $1,2,\cdots,$
$y-1$,即从 $y-1$ 个有序数中恰好抽取 $x-1$ 个数出来,分别
作为 $1,2,\cdots,x-1$ 的映射值。而从另外的 $N-y$ 个有序数中
抽取 $M-x$ 个数出来,分别作为 $x+1,x+2,\cdots,M$ 的映射
值。因此得到下面的等式

$$\Pr\left[y\leqslant f(x)<y+1\colon f\overset{\$}{\leftarrow}\mathrm{OPF}_{D,R}\right]=\frac{\dbinom{y-1}{x-1}\dbinom{N-y}{M-x}}{\dbinom{N}{M}}$$

$$(5.2)$$

式(5.2)的右边与负超几何分布的分布律表达式一致,
因此利用负超几何分布来构造一种保序的映射是合理的。
映射过程如下:对于任意一个 $x\in D$,通过调用负超几何随机
变量抽样算法,得到服从负超几何分布 $\mathrm{NHGD}(x,M,N)$ 的
随机变量 $u,u\in R$,随机变量 u 的取值是变化的,每次的值都
不一样,而根据负超几何概率分布的定义,u 的取值为区间
$\{x,x+1,\cdots,y\}$ 中的任意一个元素,从区间 $\{x,x+1,\cdots,y\}$
中任选一个元素出来,作为 $f(x)$。以上描述的是保序映射的
过程,映射过程示意图如图 5.1 所示。

本章基于 2.4 节提出负超几何随机变量的精确抽样算
法,构造一种保序加密方案 NHG-OPES。对任意一个明文
$m\in D$,加密过程采用递归操作,步骤如下:

(1) 如果 $|D|=1$,从 $|R|$ 中随机选取一个元素作为密文
输出。

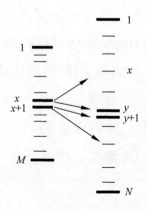

图 5.1　映射过程示意图

（2）否则，让 $x \leftarrow \dfrac{|D|}{2}$；使用负超几何抽样算法 NHGExactSample$_{\text{TapeGen}}$，生成随机变量 y。

（3）如果 $m < x$，令 $D = \{1, 2, \cdots, x-1\}$，$R \leftarrow \{1, 2, \cdots, y-1\}$，转步骤（1）（表示从 $y-1$ 个元素中随机抽取 $x-1$ 个元素）；否则令 $D = \{x+1, x+2, \cdots, M\}$，$R \leftarrow \{y+1, y+2, \cdots, N\}$，转步骤（2）（表示从 $N-y$ 个元素中随机抽取 $M-x$ 个元素）。

上述步骤中，首先确定明文空间 D 的中间值对应的密文子区间，把输入 m 与中间值的大小进行比较，如果 m 等于中间值，则从当前的密文子区间中随机抽取一个元素出来作为 m 对应的密文 c 输出；如果 m 小于当前的中间值，那表明 m 要映射到的密文子区间的"序"在当前密文子区间的"前面"，也就是说目标密文子区间中的最大值小于当前密文子区间的最小值，递归调用加密算法，把算法中 D 的明文空间缩小一半，密文空间修改为当前的密文子空间。重复上述过程,一直找到 m 为止,此时的密文子空间就是 m 对应的密文子空间,从子空间中随机选取一个元素作为密文输出,算法结束;如果 m 大于当前的中间值,则也重复上述递归过程,一直找到 m 为止。解密过程和加密过程类似。加密算法 Enc(K, ·)如图 5.2 所示,解密算法 Dec(K, ·)如图 5.3 所示。

Enc(K, D, R, m)
1. $d \leftarrow \min(D) - 1$; $r \leftarrow \min(R) - 1$
2. $M \leftarrow |D|$
3. $N \leftarrow |R|$
4. 假如 $M = 1$ 那么
5. $cc \xleftarrow{\delta} \text{TapeGen}[K, 1^{1_R}, (D, R, m)]$
6. $y \xleftarrow{cc} R$
7. 返回 $y + r$
8. $x \leftarrow d + \lceil M/2 \rceil$
9. $y \leftarrow r + \text{NHGExactSample}_{\text{TapeGen}}(N, M, x, K)$
10. 假如 $m < x$ 那么
11. $D \leftarrow \{d + 1, \cdots, x - 1\}$
12. $R \leftarrow \{r + 1, \cdots, y - 1\}$
13. 否则
14. $D \leftarrow \{x + 1, \cdots, d + M\}$
15. $R \leftarrow \{y + 1, \cdots, r + N\}$
16. 返回 Enc(K, D, R, m)

图 5.2　加密算法

图 5.2 和图 5.3 中调用了负超几何随机变量的精确抽样算法 NHGExactSample$_{\text{TapeGen}}$,该算法是对第 3 章提出的 NHGExactSample 算法修改得到,具体方法是用 TapeGen 生成的伪随机流替代 NHGExactSample 算法中的真随机流,算法描述如图 5.4 所示,其中随机数 ξ_1, ξ_2 的定义在本书 4.3 节中给出。

```
Dec(K, D, R, c)
1. if |D| = 0  then return ⊥
2. d←min(D) - 1;  r←min(R) - 1
3. M←|D|;  N←|R|
4. 假如 M = 1 那么
        m←D 中唯一的元素
        cc ←δ TapeGen[K, 1^{1_R}, (D, R, m)]
        s←利用随机流 cc 从 R 中随机的选取一个元素
        假如 s = c 返回 m; 否则返回 ⊥
5.      x←d + ⌈M/2⌉
6.      y←r + NHGExactSample_{TapeGen}(N, M, x, K)
7.      假如 c = y 那么 返回 x
8.      假如 c < y 那么
        D←{d + 1, …, x - 1}
9.      R←{r + 1, …, y - 1}
10. 否则
11.     D←{x + 1, …, d + M}
12.     R←{y + 1, …, r + N}
```

图 5.3　解密算法

```
NHGExactSample_{TapeGen}(N, M, r, K)
  输入: N, M 是整数 1 ≤ M ≤ N, N ≠ 0
  输出: r 是整数
```

1. $p = \dfrac{M}{N}$, $\lambda = -\ln(1 - p)$, $r = \left\lfloor \dfrac{M}{2} \right\rfloor$, $c = \left(\dfrac{N}{N - r}\right)^{N-M}$

$\cdot \dfrac{p^r}{(-\ln(1-p))^r (1-p)^r}$

2. R_1←TapeGen$(K, 1^{1_1}, (N, M, r))$
3. R_2←TapeGen$(K, 1^{1_2}, (N, M, r))$
4. k←Ga$(r, \lambda; \xi_1)$
5. x←$\lfloor k + 1/2 \rfloor$
6. 假如 $x < r$ 或 $x > N - M + r$, 转步骤 2
7. NHGD $= \dfrac{\binom{x-1}{r-1}\binom{N-x}{M-r}}{\binom{N}{M}}$, Ga $= \dfrac{\lambda^r k^{r-1} e^{-\lambda k}}{(r-1)!}$
8. 假如 $\xi_2 \leq$ NHGD/Ga$\cdot c$, 返回 x
9. 转步骤 2

图 5.4　NHGExactSample$_{TapeGen}$算法

5.3 安全性证明和性能分析

本节首先证明输入输出长度可变的伪随机函数 TapeGen 的安全性,即计算敌手攻击 TapeGen 的概率优势。特别说明的是,定理 5.1 的结论是对文献[34]中命题 5.1 的改进。

定理 5.1[90] 对任意一个敌手 A,攻击输入输出长度均可变的伪随机函数 TapeGen 的概率优势为

$$\text{Adv}_{\text{TapeGen}}^{\text{IF-PRF}}(A) \leqslant q \cdot (\text{Adr}_F^{\text{prf}})(B_1) + \text{Adv}_G^{\text{prg}}(B_2) \quad (5.3)$$

其中,F 是输入长度可变的伪随机函数,G 是输出长度可变的伪随机发生器,$\text{Adv}_F^{\text{prf}}(B_1)$ 为敌手 B_1 攻击 F 的概率优势,$\text{Adv}_G^{\text{prg}}(B_2)$ 为敌手攻击 G 的概率优势。

证明:

考虑敌手 B_1 的攻击游戏,对于敌手 $B_1^{O(\cdots)}$,O 既可以是分组加密 $F(K, \cdot)$ 也可以是随机函数 $R(\cdot)$。

(1) 随机地从 $1, 2, \cdots, q$ 中选取一个数,赋值给 i。

(2) 运行 A,对 A 的问询做如下响应:

① 对前面的 $1, 2, \cdots, i-1$ 个问询,选择一个随机数 s,运行 $G(1^l, F(K, s))$ 后将结果返回给 A;

② 对第 i 个问询,选择一个随机数 s,运行 $G(1^l, O(s))$ 后将结果返回给 A;

③ 对第 $i+1, i+2, \cdots, q$ 个问询,选择一个随机数 s,运行 $G(1^l, s)$ 后将结果返回给 A。

(3) 输出 A 的输出。

根据敌手敌手 B_1 的攻击游戏,得到

$$\Pr[A^{\mathrm{TapeGen}(K, \cdot, \cdot)} = 1] - \Pr[A^{O_\mathrm{T}(K, \cdot)} = 1]$$

$$= \Pr[B_1^{F(K, \cdot)} = 1 \mid i = 1] - \Pr[B_1^{R(\cdot)} = 1 \mid i = k]$$

$$= \sum_{j=1}^{q} \Pr[B_1^{F(k, \cdot)} = 1 \mid i = j] - \Pr[B_1^{R(\cdot)} = 1 \mid i = j]$$

$$= q \cdot \frac{1}{q} \cdot \sum_{j=1}^{q} (\Pr[B_1^{F(k, \cdot)} = 1 \mid i = j] -$$

$$\Pr[B_1^{R(\cdot)} = 1 \mid i = j])$$

$$= q \cdot \sum_{i=1}^{q} (\Pr[B_1^{F(k, \cdot)} = 1 \wedge i = j] - \Pr[B_1^{R(\cdot)} = 1 \wedge i = j])$$

$$\leqslant q \cdot (\Pr[B_1^{F(k, \cdot)} = 1] - \Pr[B_1^{R(\cdot)} = 1])$$

$$= q \cdot \mathrm{Adv}_F^{\mathrm{PRF}}(B_1) \tag{5.4}$$

考虑敌手 B_2 的攻击游戏,对于敌手 $B_2^{O(\cdot, \cdot, \cdot)}$, O 既可以是输出长度可变的随机发生器 G 也可以是随机函数 $R(\cdot)$。

(1) 随机地从 $1, 2, \cdots, q$ 中选取一个数,赋值给 i。

(2) 运行 A,对 A 的问询做如下响应:

① 对第 $1, 2, \cdots, i-1$ 个问询 1^l,选择一个随机数 s 返回 $G(s, <1>) \| \cdots \| G(s, <l>)$ 给 A;

② 对第 i 个问询 1^l,选择一个随机数 s,返回 $O(s, <1>) \| \cdots \| O(s, <l>)$ 给 A;

③ 对第 $i+1, i+2, \cdots, q$ 个问询,选择一个随机数 s 返回

$s_1 \parallel \cdots \parallel s_l$ 给 A。

(3) 输出 A 的输出。

根据上述攻击游戏,有

$$\Pr[A^{O_T(K,\cdot,\cdot)} = 1] - \Pr[A^{R(\cdot,\cdot)} = 1]$$

$$= \Pr[B_2^{G(K,\cdot,\cdot)} = 1 \mid i = 1] - \Pr[B_2^{R(\cdot,\cdot)} = 1 \mid i = k]$$

$$= \sum_{j=1}^{q} \Pr[B_2^{G(K,\cdot,\cdot)} = 1 \mid i = j] - \Pr[B_2^{R(\cdot,\cdot)} = 1 \mid i = j]$$

$$= q \cdot \frac{1}{q} \cdot \sum_{j=1}^{q} (\Pr[B_2^{G(K,\cdot,\cdot)} = 1 \mid i = j] -$$

$$\Pr[B_2^{R(\cdot,\cdot)} = 1 \mid i = j])$$

$$= q \cdot \sum_{j=1}^{q} (\Pr[B_2^{G(K,\cdot,\cdot)} = 1 \wedge i = j] - \Pr[B_2^{R(\cdot,\cdot)} = 1 \wedge i = j])$$

$$\leqslant q \cdot (\Pr[B_2^{G(k,\cdot,\cdot)} = 1] - \Pr[B_2^{R(\cdot,\cdot)} = 1])$$

$$= q \cdot \mathrm{Adv}_G^{\mathrm{PRF}}(B_2) \tag{5.5}$$

结合式(5.4)和式(5.5)的结论得到

$$\mathrm{Adv}_{\mathrm{TapeGen}}^{\mathrm{IF\text{-}PRF}}(A)$$

$$= \Pr[A^{\mathrm{TapeGen}}(K,\cdot,\cdot) = 1] - \Pr[A^{R(\cdot,\cdot)} = 1]$$

$$= \Pr[A^{\mathrm{TapeGen}}(K,\cdot,\cdot) = 1] - \Pr[A^{O_T(K,\cdot,\cdot)} = 1] +$$

$$\Pr[A^{O_T(K,\cdot,\cdot)} = 1] - \Pr[A^{R(K,\cdot,\cdot)} = 1]$$

$$\leqslant q \cdot (\mathrm{Adv}_F^{\mathrm{PRF}}(B_1) + \mathrm{Adv}_G^{\mathrm{PRG}}(B_2))$$

得证。

特别指出,文献[34]中给出了敌手 A 攻击 TapeGen 的概率优势小于等于 $2 \cdot (\mathrm{Adv}_F^{\mathrm{PRF}}(B_1) + \mathrm{Adv}_G^{\mathrm{PRG}}(B_2))$,而本书证明不等式右边的常数倍是 q 而不是 2。

定理 5.2　对于任意敌手 A 攻击保序加密方案 NHG-OPES,最多向预言机提出 q 次查询请求,则存在敌手 B 攻击伪随机函数 TapeGen,且满足

$$\mathrm{Adv}_{\mathrm{NHG\text{-}OPES}}^{\mathrm{POPF\text{-}CCA}}(A) \leqslant \mathrm{Adv}_{\mathrm{TapeGen}}^{\mathrm{IF\text{-}PRF}}(B) \tag{5.6}$$

其中,$\mathrm{Adv}_{\mathrm{TapeGen}}^{\mathrm{IF\text{-}PRF}}(B)$ 表示敌手 B 攻击 TapeGen 时取得的概率优势。

证明:

本书中构造的 NHG-OPES 是在对随机保序函数 $\mathrm{OPF}_{D,R}$ 进行修改而得到的,它与 $\mathrm{OPF}_{D,R}$ 的唯一不同点在于 NHG-OPES 用带密钥的伪随机函数 TapeGen 来生成算法中需要的随机流,而 $\mathrm{OPF}_{D,R}$ 中使用到的是真随机流,因此把保序加密方案 NHG-OPES 的安全性规约到 TapeGen 的安全性上,即假设 NHG-OPES 能被攻破,那么伪随机函数 TapeGen 就能被敌手以明显的概率优势攻破,而伪随机函数是不可攻破的,所以得到式(5.6)。

定理 5.2 的结论表明 NHG-OPES 方案"至少和伪随机函数 TapeGen 一样安全"。新方案加密算法中,当明文空间的个数为 1 时,使用随机流从密文子空间内随机抽取一个密文输出,因此明文和密文的关系是"一对多"的关系,所以方案的安全性比 POPF-CCA 更高,而 BCLO 方案是满足 POPF-CCA 安全的,因此新方案的安全性更高。

分析算法性能时,用加密算法终止前需要执行的递归次数来衡量。本节将分析 NHG-OPES 的加密算法在这方面的性能,并与 Boldyreva 等人在近期提出的保序加密方案

BCLO 进行比较。

定理 5.3 对于任意一个明文 $m \in M$，要得到对应的密文，NHG-OPES 加密算法执行的递归次数为

$$\frac{1}{M} \cdot \left[(\log_2 M + 1) + \sum_{k=1}^{\log_2 M} 2^{k-1} k \right], \quad M \in \mathbb{N} \quad (5.7)$$

其值大于等于 $\log_2 M - 1$ 且小于 $\log_2 M$。

证明：

明文空间大小为 M（即包含 M 个元素），采用折半查找法，经过 k 次递归查找后，算法能搜索完 2^{k-1} 个元素。在最坏情况下，执行 $\log_2 M + 1$ 递归操作后，明文空间大小必定会变成 1。因此确定到目标密文所在的范围需要的平均递归次数为

$$\frac{1}{M} \cdot \left[(\log_2 M + 1) + \sum_{k=1}^{\log_2 M} 2^{k-1} k \right]$$

令 $L = \log_2 M$，$A_L = \frac{1}{2^L} \cdot \left[(L+1) + \sum_{k=1}^{L} 2^{k-1} k \right]$。接下来对 L 进行归纳证明，证明 $A_L \in [L-1, L]$。

(1) 当 $L = 0$ 时，$A_0 = 1/2$，$A_L \in [-1, 1]$，结论成立。

(2) 假设 $L = N$ 时，结论成立。即

$$A_N = \frac{1}{2^N} \cdot \left[(N+1) + \sum_{k=1}^{N} 2^{k-1} k \right], \quad N-1 \leqslant A_N \leqslant N$$

(3) 当 $L = N+1$ 时，有

$$A_{N+1} = \frac{1}{2^{N+1}} \cdot \left[(N+2) + \sum_{k=1}^{N+1} 2^{k-1} k \right]$$

$$= \frac{1}{2} \cdot \frac{1}{2^N} \cdot \left[(N+1+1) + \sum_{k=1}^{N} 2^{k-1} k + 2^N \cdot (N+1) \right]$$

$$= \frac{1}{2} \cdot \frac{1}{2^N} \cdot \left((N+1) + \sum_{k=1}^{N} 2^{k-1} k \right) +$$

$$\frac{1}{2} \cdot \frac{1}{2^N} \cdot (2^N \cdot (N+1) + 1)$$

$$= \frac{1}{2} \cdot A_N + \frac{1}{2} \cdot \left(N + 1 + \frac{1}{2^N} \right)$$

因为 $A_N \in [N-1, N]$，所以有

$$\frac{1}{2} \cdot (N-1) + \frac{1}{2} \cdot \left(N + 1 + \frac{1}{2^N} \right) < A_{N+1} < \frac{1}{2} \cdot N +$$

$$\frac{1}{2} \cdot \left(N + 1 + \frac{1}{2^N} \right)$$

$$\Rightarrow N + \frac{1}{2^{N+1}} < A_{N+1} < N + \frac{1}{2^{N+1}} + \frac{1}{2}$$

显然 $A_{N+1} \in [N, N+1]$。

得证。

文献[34]中指出对任意一个明文 $m \in M$，要得到对应的密文，BCLO 加密算法平均执行 $5\log_2 M + 12$ 次递归操作得到对应的密文。显而易见，新方案加密算法计算开销为 BCLO 方案的 1/5，效率更高。

5.4　本章小结

基于第 4 章给出的负超几何随机变量的精确抽样算法，在十进制分组上构造了一个保序加密方案 NHG-OPES，证

明了新方案的安全性，分析了新方案的执行效率。与 BCLO 方案相比，新方案安全性更高，效率也更高。由于 NHG-OPES 的密文具有保序性，所以能在密文上方便地建立索引和实现快速检索。本章提出的在整数集上构造的保序加密机制通过仿射变换容易扩展至其他类型数据的保序加密机制。

第6章

总结与展望

本章总结全文的研究工作和主要创新点,并展望未来的研究方向。

6.1 主要研究工作总结

随着云存储和大数据处理的不断发展,对信息的保护,特别是对编号类敏感信息加密保护需求越来越迫切。使用传统的在二进制集合上构造的分组密码对十进制数进行加密通常会使数据类型和长度发生改变,导致数据库存储结构和对应的应用程序的修改。理想的方法是把明文直接加密成相同格式的密文,即密文的类型也是十进制数且长度与明文相同。

Feistel 网络是目前主流的分组密码设计模式之一，虽然该方法能使明文尽可能地混淆和扩散，保证加密算法的安全性，但基于 Feistel 网络构建的分组密码只能抵抗攻击者的 q 次问询，其中 $q \ll N$，N 是消息空间大小且只能为偶数。当 N 值较小时，基于 Feistel 网络构建的分组密码将不再安全，因为敌手可执行所有可能的问询。因此，如何解决小型整数集合上的分组加密安全问题是本书研究的问题之一。

数据库应用中，常常把十进制数作为搜索关键字或在其上建立索引。但是十进制数在加密后，往往不再具有原先的任何数值特征，数据库密文之间也不再具有其对应明文之间的关系。这就导致了传统数据库中常用到的关系运算，如数值比较（大于、小于和等于）、排序、求最大值（或者最小值）等操作不被支持，造成检索效率的大大下降，所以对密文的有效查询是制约十进制加密应用到数据库的关键问题。如何解决这个问题是本书研究的第二个重点。

本书的研究工作紧密围绕着利用负超几何概率分布构建十进制分组加密方案。针对本书研究的第一个问题，构造了一种短分组上的伪随机置换。针对研究的第二个问题，构造了一种十进制保序加密方案。研究成果和创新点主要包括：

（1）设计了一种负超几何随机变量的高效抽样算法，基于 Knuth Shuffle 置换原理，采用"选取－交换－置换"的迭

代方法在集合 $\{0,1,\cdots,N-1\}$ 上构造了一种随机置换,严格证明了构造方法的正确性。

(2) 将随机置换转换为十进制短分组加密方案 NHG-SBC。安全性分析表明 NHG-SBC 方案是一个伪随机置换,达到了 PRP 安全。与基于 Feistel 网络构建的分组加密方案相比,NHG-SBC 方案有如下优点:① 能抵抗攻击者的 N 次问询;② 适用于 N 值为奇数的应用。与同类型的 GP 方案相比,NHG-SBC 方案在不改变安全等级的前提下,计算效率更高,每次置换(或逆置换)耗费的 CPU 时间为 $O(\log_2 N)^2$,空间为 $O(\log N)$。从公开文献看,这是首次提出负超几何随机变量的高效抽样算法,并将其应用到短分组加密中,既解决了短分组加密的安全问题又保证了加解密执行效率。

(3) 为了能对密文数据库直接进行查询操作和关系比较运算,Boldyreva 等人提出了针对数值型数据的保序加密方案 BCLO,该方案不仅支持对密文的精确查找、范围查找(查找时间复杂度为密文空间大小的亚线性级),而且支持对密文的各种关系运算。然而,由于 BCLO 加密是确定性加密,同时密文泄露了明文的顺序,因此其安全等级较低,另外加解密过程中使用了折半查找法,导致效率不高。对 BCLO 方案进行改进,提出了一种十进制保序加密方案 NHG-OPES,该方案用负超几何随机变量的精确抽样算法替代了原方案中的超几何随机变量的抽样算法,一方面与 BCLO 方案相比,新方案加解密算法的执行效率提高了 5 倍;另一方面,新方案加解密算法更简单。新方案采用"一对多"的映射机制,把明文随机映射到了一个密文子区间上的某个元素,因此安全性更高。从公开文献看,这是首次提出负超几何随机变量的精确抽样算法,并将其应用到十进制保序加密 BCLO 方案中,解决了该方案加解密执行效率低的问题。

特别说明的是,由于本书构造的 NHG-OPES 通过仿射变换容易扩展成其他类型数据的保序加密机制。

6.2 未来的研究方向

关于十进制分组加密研究是新近出现的研究热点,还远不完善,需要付出长期而艰辛的努力。本书的工作仍存在不足与未尽之处,很多问题有待进一步研究,主要体现在以下几个方面。

6.2.1 对十进制分组加密方案攻击方法的研究

根据 NHG-SBC 加密方案的特性提出对应的攻击方法能更加准确地评估加密算法的安全性,也为构造其他任意大小集合上的十进制分组加密提供新的途径。对十进制短分组密码算法进行攻击,一般需要从成功概率、数据复杂度、空间复杂度和时间复杂度这四个方面衡量攻击是否有效。成功概率是指攻击过程结束后,能够成功恢复密钥的概率;数据复杂度是为了实现一个特定的攻击所需要的数据或者信息之和;空间复杂度是指为了完成攻击而必需的存储空间大小;时间复杂度是指密码分析者为了恢复密钥,对获得的数据进行处理和分析而耗费的时间。作者认为,在对 NHG-SBC 加密方案的攻击方法上,值得研究的是利用差分密码分析[91-94]为工具分析密文的泄露程度。

6.2.2　非均匀分布明文空间上保序加密方案的研究

现有的保序加密方案都假定明文空间服从均匀分布,而在非均匀分布的明文空间上设计保序加密方案,我们没有发现相关的公开文献。在实际应用中,明文空间可能服从负二项分布、几何分布等非均匀分布,因此这种集合上构建保序加密方案是一个值得努力的方向。同时,与保序加密相关的研究领域是保留格式加密(Format-Preserving Encryption)[96-103],保留格式加密是一种对称密码,除了要求密文与明文处于相同的消息空间,还要求明文和密文具有相同的格式。比如对表示中国公民的身份证号码的消息空间来说,不仅有长度为 18 位的十进制数的长度限制要求,还需要满足第 7 位到第 14 位为公民的出生年、月、日在合理范围内等格式要求。如何在保序加密中引入保留格式的性质,从而更好地应用到数据库加密领域,将是保序加密未来研究的一个挑战。

6.2.3 云存储中支持模糊查询的可搜索对称 加密研究

云存储是一种全新的共享存储方式,其用户可以随时随地将各种信息,如文件、个人照片和视频传输到云终端上,其方便快捷的特性使之迅速成为目前主流的数据存储方式。由于数据脱离了用户的物理控制而存储在云端,云端服务器管理员和非法用户(如黑客等不具有访问权限的用户)可以尝试通过访问数据来试图获取数据所包含的信息,这将可能造成数据信息和用户隐私的泄露。近年来,由于黑客的非法入侵和云端服务器管理员的操作不当造成了多起云安全事故的发生,直接导致了大量用户资料和私人数据的泄露。例如,Sony 公司在 2011 年由于黑客入侵导致上亿用户资料外泄事故和 Google 公司在 2011 年发生的 Gmail 大规模用户数据泄露事件等,这些频繁发生的云事故,让用户开始更加慎重地考虑当数据存放在云端时的安全性以及自己的个人隐私是否能够得到有效保护等问题。为了保证数据的机密性,越来越多的公司和个人用户选择对数据进行加密,并将数据以密文形式存储在云端服务器。采用传统加密方案得到的密文与随机串不可区分,这使得授权用户无法对数据进行搜索和定位,大大降低了云端数据的可用性。在此背景下,可搜索加密(Searchable Encryption,SE)机制应运而生。可搜索加密是一种支持用户在密文上直接进行关键字查找的密码学原语。目前,对可搜索加密机制的研究主要包括以下三个方面[127]。

(1) 灵活、高效的搜索语句的设计。

灵活的搜索语句不仅能够让用户可以更加精确地定位到所需要的数据文件,同时也可以让用户能够更加灵活地表述搜索需求。可搜索加密机制从研究初期的支持单词搜索,到后来逐渐发展为支持连接关键字搜索,再到支持区间搜索和子集搜索等复杂的逻辑语句。其研究难点在于：如何达到支持复杂的搜索请求的效果以及如何寻找到适合的困难假设来证明其安全性,同时使得该机制又具有可以接受的性能。随着云计算的发展,在海量用户和数据的应用场景下,提供安全、灵活、高效的可搜索加密机制将是研究者所极力追求的目标之一。

(2) 模糊搜索和基于相似度排序的模糊搜索。

由于用户表述不精确或者输入错误等各种原因,造成精确匹配搜索将有可能无法找到用户所真正需要的文件,因此,模糊搜索的引入能够智能地寻找与用户所输入的搜索词相关的文件。由于数据存储形式为密文且基于安全需求的考虑,目前在明文上所广泛应用的模糊搜索方法无法直接运用到密文上的搜索中,因此,设计支持模糊搜索和基于相似度排序的模糊搜索的可搜索加密机制,是一个亟待研究的内容之一。

(3)在不同现实场景中对可搜索加密机制的应用。

自从可搜索加密机制提出后,其所能部署的应用场景得到了研究者的关注。从可搜索加密机制提出初期的数据所有者独享数据,到后来数据所有者将搜索的能力共享给其他用户,以及云存储环境下的一些特殊场景中用户私密数据的管理等。针对不同的应用场景,需要相应的可搜索加密机制来支持,因此,设计适合目的应用场景的可搜索加密机制,是应用密码学领域的研究方向之一。

可搜索加密机制的研究内容如图 6.1 所示。

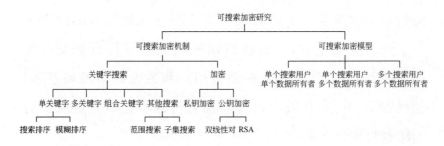

图 6.1　可搜索加密机制的研究

基本的可搜索加密机制主要包括 4 种算法,分别是 Setup 算法、GenToken 算法、BuildIndex 算法和 Query 算法。

(1) Setup:该算法主要由权威机构或者数据所有者进行并生成密钥。在基于公钥密码学的可搜索加密机制中,该算法会根据输入的安全参数(Security Parameter)来产生公钥和私钥；在基于对称密码学的可搜索加密机制中，运行该算法后会产生一些私钥，例如伪随机函数的密钥等。

（2）GenToken：该算法以根据用户需要搜索的关键字为输入，产生相应的搜索凭证。算法的执行者主要由应用场景决定，可以由数据所有者、用户或者权威机构来执行。

（3）BuildIndex：该算法由数据所有者执行。在该算法中，数据所有者将根据文件内容，选出相应的关键字集合，并使用可搜索加密机制建立索引表。基于公钥密码学的可搜索加密机制中，数据所有者会使用公钥对每个文件的关键字集进行加密；在基于对称密码学的可搜索加密机制中，数据所有者会使用对称密钥或者使用基于密钥的哈希算法对关键字集进行加密。而文件内容主体将会使用对称加密算法进行加密。

（4）Query：该算法是由服务器端进行。服务器将以接收到的搜索凭证和每个文件中的索引表为输入，进行协议所预设的计算，最后通过输出结果是否与协议预设的结果相同来判断该文件是否满足搜索请求。服务器最后将搜索结果返回。

最后，用户在获得返回的文件密文之后，再使用相应的密钥对数据密文进行解密后即可得到搜索结果的明文。

可搜索加密机制的设计根据其构造算法的不同，可以分为可搜索对称加密（Searchable Symmetric Encryption SSE）[76]和可搜索公钥加密（Public-key Searchable Encryption，PSE）[104]。

由于 PSE 内嵌公钥加密算法,加解密的计算开销大,检索效率低,因此在海量数据场景中的应用受到一定限制。而基于对称密码体制构建的 SSE 具有计算量小、易于实现的特点,成为国内外学者研究的热点。从安全角度来说,SSE 中的云存储服务器在搜索时除了知道搜索关键字的陷门、搜索的结果和文件的密文大小之外,不会获得文件的原始明文以及搜索关键字的真实内容等敏感信息。从用户角度来说,SSE 为用户带来极大便利。首先,用户可以直接在云端进行搜索操作,充分利用了云存储服务器强大的计算能力;其次,用户不需要为了下载没有包含关键字的文件而浪费网络开销和本地存储空间;最后,用户不必对不符合条件的文件进行解密操作,节省了本地的计算资源。从应用角度来说,SSE 尤其适合外包数据加密领域,由于 SSE 基于对称密码体制构建,因此具有运算速度快、执行效率高和易于实现的特点,它既能用在云存储中隐私数据的保护和共享等场景[105],又能用来解决不可信赖服务器的存储问题[104]和不可信赖服务器的路由问题[76],正因为 SSE 存在着重要的民用应用价值,我国将该技术列为"973"计划中的重点研究项目。

另外,虽然近年来 SSE 技术取得了快速发展,并且在很多领域得到应用,但是由于其自身理论不够成熟,因此仍在不断完善之中。其中存在的主要问题是如何对现有 SSE 的查询方式进行扩展,以适应用户更广泛的查询需求。目前,在支持关键字范围查询的 SSE[106-109]、支持多关键字组合查询的 SSE[110-112] 和支持搜索用户偏好的 SSE[113-114] 研究上，国内外学者已经取得了一定的成果，但对支持模糊查询（Fuzzy Keyword Search）的 SSE 研究尚处于初步阶段，许多研究工作仍属于试探性。模糊查询是一个成熟的搜索平台必须具备的功能，当用户由于种种原因不能准确地输入要查询的关键字时，使用支持精确查询的可搜索加密会造成搜索结果与用户目标相距甚远，甚至无搜索结果的情形出现。引入模糊关键字查询后，云服务器会根据用户提交的关键字检索与其相关度较高的文件，从而有效避免上述问题的发生。因此开展支持模糊查询的 SSE 理论方法和相关技术的研究是一项十分重要且必要的工作，这对我国国民经济的发展具有十分重要的意义。

支持模糊查询的 SSE 通常由三方协同完成，分别为数据拥有者、云存储服务器和搜索用户，其系统模型如图 6.2 所示，执行过程分为以下 4 个子过程。

（1）初始化：数据拥有者生成文件加密密钥与陷门生成密钥，并将两个密钥发送给搜索用户。

（2）建立索引：数据拥有者首先对文件提取关键字，生成关键字的模糊集合；接着构建对应的索引向量，使用陷门生成密钥对索引向量进行加密，同时对外包的数据文件使用文件加密密钥进行加密处理；最后把索引的密文与文件的密文上传至云存储服务器中。

（3）生成陷门：搜索用户先从数据拥有者处接收文件加密密钥与陷门生成密钥，然后使用陷门生成密钥对搜索关键字加密生成搜索关键字陷门，并把陷门发送到云服务器中进行匹配。

（4）模糊关键字查询：云存储服务器收到搜索用户发出的陷门后，在不解密密文数据的情况下按以下规则完成检索工作并将结果返回。如果搜索关键字陷门与索引向量中的关键字存在精确匹配，则返回包含该关键字的文件集合；否则，计算搜索关键字在语义上最相近的关键字，返回包含最相近关键字的文件集合。搜索用户从云服务器中接收返回的文件集合后使用文件加密密钥将其解密，最终获得明文文件。

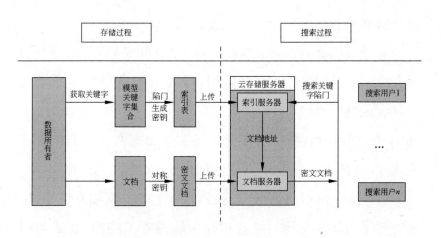

图 6.2　支持模糊查询的 SSE 系统模型

近些年来，对支持模糊查询的 SSE 研究成为热点。

2000 年，Song 等人[76]首次构造了第一个基于对称加密体制的加密关键字搜索方案。该方案用伪随机函数、确定性加密和异或算法构造加密关键字索引，实现对云存储服务器上的加密数据进行关键字检索的功能。Goh[115]对 Song 方案进一步完善，引入 Bloom 分类器对查询陷门进行筛选，通过一系列简单的哈希运算排除一些无效查询陷门，以提升查询效率。Curtmola 等人[95]指出 Song 方案未明确考虑关键字陷门在可搜索加密机制中的安全性，进而在自适应和非自适应模型下首次形式化定义了 SSE 的语义安全和不可区分性安全，并提出了相应的 SSE-1 和 SSE-2 方案，考虑陷门隐私，方案构建了整个密文文件的哈希索引表来快速索引陷门信息和包含该关键词的密文文档地址。Chang 等人[116]考虑攻击者在实施攻击时能够获得之前所有轮次服务器端的查询结果的情况，定义了可搜索加密机制基于模拟的安全性定义。

虽然以上方案实现了安全和有效的密文搜索，但它们只支持关键字的精确查询，这意味着云存储服务器返回的搜索结果完全取决于用户输入的查询关键字是否与预设的索引关键字严格匹配。如果查询词没有在预设的关键字集合中，那么云服务器将检索不到任何有效结果。而实际应用中，用户在密文搜索过程中不可避免会出现查询关键字拼写错误或者存在一定格式不连贯，甚至是语义表述不准确等问题，使得查询词难以准确表达用户真正的查询意图，这时使用精确搜索无法获得用户想要的文件。

2007 年,Park 等人[117]把模糊查询技术初次引入可搜索加密领域,构造了一种基于汉明距离(Hamming Distance)的模糊关键字可搜索加密方案。该方案利用汉明距离比较两个字符串的相似度,方案要求待比较的两个字符串长度必须相等,这意味着用户的搜索关键字长度必须和密文的索引关键字长度一致才能得出两者的相似程度,显然这在现实应用场景中是很难满足的,同时这种"一致"也泄露了关键字的长度信息。2009 年,Bringer 等人[118]提出一种允许容忍错误的可搜索加密方案,但该方案只适合于处理固定长度的查询关键字。

2010 年,Li 等人[119]提出用编辑距离(Edit Distance)来定义关键字之间的相似度,编辑距离的大小决定了方案对用户输入数据的容错度。用户在上传关键字信息前须构建和存储一个基于通配符的关键字模糊集。搜索用户查询时,首先计算待查询关键字在编辑距离下的模糊陷门集合并传给服务器,服务器将陷门集与存储的模糊关键字集进行一一匹配,最后返回包含查询关键字的密文文件。Li 方案虽然解决了 Park 在文献[117]存在的安全性问题,但是其构造的模糊关键字集会随着云端存储数据的增多而急剧增大,从而占据云服务器大量的存储空间,索引的长度也会快速增加。

2011 年,为了提高 Li 方案的空间效率,Liu 等人[120]提出一种基于数据字典的模糊关键字集合构造方法,该方法剔除模糊关键字集合中非法的关键字来减少存储开销。然而,因为剔除了模糊关键字集合索引结构中非法的关键字,所以要求用户在搜索时必须输入正确、合法的关键字,否则就无法通过索引找到相关的数据,该方案没有考虑实际用户可能输入错误的情形,方案的实用性不高。Chuah 等人[121] 在 Li 方案的基础上引进了安全索引树并扩展了搜索功能,在预定义关键词集阶段将词组作为一个关键词对待,在构建安全索引时把词组作为一个关键词,提高方案的实用性,但索引树的构造过程复杂,时间开销大。

2012 年,为了提高搜索效率,Wang C. 等人[122] 利用通配符和索引树实现了一个支持模糊查询的高效可搜索加密方案并给出了形式化的安全证明。方案在一个有限符号集上构造一棵多叉树来存储模糊关键字集合,所有具有相同前缀部分的关键字陷门都被聚合到同一个节点上,节点的前缀就是从根节点到当前节点的路径上所有字符所组成的字符串,根节点对应空集。通过执行深度优先搜索,能查询所有的模糊关键字,搜索开销为 $O(l/n)$,其中 l 为关键字长度,n 为搜索陷门的长度。同年,Kuzu 等人[123] 提出用局部敏感哈希(LSH)函数来实现高维空间的近邻搜索,不用预先定义模糊词集,而采用 Jaccard 距离法实现相似词匹配,并降低了索引存储和查询通信开销,但该方案需要两个回合的通信才能取得搜索结果,而且采用 Jaccard 距离法匹配搜索关键字和索引关键字,匹配准确度不高。

2013 年,Wang J. 等人[124]提出了一个支持模糊关键检索的可验证加密搜索方案。2014 年,Wang B. 等人[125]提出一种高效的模糊关键字搜索协议,协议中使用 LSH 函数和 Bloom 过滤技术构建安全的模糊关键字索引,采用 bigram 表示关键字并利用欧氏距离来度量关键字之间的相似度。

2016 年,Fu 等人[126]提出了一种多关键词模糊查询的密文检索方案,方案使用 uni-gram 表示关键字,对关键词集执行提取词干(Stemming)操作,并基于词干集合建立字典索引,该方案有效解决了相同词干的不同变形词的检索,通过此种方法实现了模糊查询,提高了查询的准确度。

国内方面,沈志荣等人[127]分析了 SSE 的研究与进展,指出了支持模糊检索的 SSE 的研究方向,包括关键字的复杂逻辑运算、大数据中的高效搜索等。2014 年,林柏钢等人[128]采用布隆过滤器技术(Bloom filter),构建安全索引,设计并实验验证了模糊关键词的可搜索加密方案,但方案中将关键词语义扩展以后建立关键词索引,因此关键词的存储空间较大。2016 年,杨旸等人[129]基于 Simhash 的降维思想,将文档关键字做 n-gram 处理并得到 Simhash 指纹来实现模糊搜索,并结合汉明距离和关键字相关度分数,设计了双因子排序算法对查询结果进行排序。李晋国[130]等人首次提出了融合具有高编码效率的 Huffman 编码和具有数据存储优势的布隆过滤器,并结合现有的安全加密方法,实现了 Daas 模式下保护隐私的模糊关键字查询处理。2017 年,王恺璇等人[131]以布隆过滤器为基础,使用对偶编码函数和位置敏感 Hash 函数来对文件索引进行构建,并使用距离可恢复加密算法对该索引进行加密,实现了对多关键字的密文模糊搜索,由于方案不需要提前设置索引存储空间,从而大大降低了搜索的复杂度。

结合已经查阅的文献和本课题组在研究可搜索加密问题上的经验,本书作者认为目前在支持模糊查询的 SSE 研究上存在以下不足:

(1) 搜索效率不高,没有考虑利用云端强大的计算能力来提高搜索效率。搜索效率是衡量可搜索加密方案可行性的一个重要指标,效率低意味着现实环境中的不实用,特别在拥有海量数据的云环境中,搜索效率尤为重要。

(2) 在高效搜索的同时,还应保证适当的安全性。已有的支持模糊查询的 SSE 方案不能同时实现搜索高效和方案安全两个目标,这将限制其进一步的发展。一个实用的 SSE 方案要做到高安全性和高检索效率,两者在现实应用中缺一不可。

(3) 与精确查询相比,模糊查询可能生成更多的搜索结果,为了降低搜索用户筛选目标文件的计算量,增强用户的搜索体验,云存储服务器应将搜索结果中与搜索关键字相关度高的文件优先显示。已有的支持搜索结果排序的 SSE

方案中仅基于查询关键字和索引关键字的相似度对搜索结果进行排序，排序效果较粗糙，不能返回更精确的排序结果。

上述三个方面的工作也是本书作者未来将进一步开展的工作。

参 考 文 献

[1] MENEZES A, VAN O P, VANSTONE S. Handbook of applied cryptography[M]. America: CRC Press, 1996: 1-3.

[2] Industry P Security Standards Council. Payment card industry data security standard: requirements and security assessment procedures version[S], 2008, 2.

[3] DIFFIE W, HELLMAN M E. New directions in cryptography [J]. IEEE Transactions on Information Theory, 1976, 22(6): 644-654.

[4] National Bureau of Standards. Data encryption standard FIPS PUB 46[S]. Fedral Information Processing Standard Publication, 1977.

[5] SIMMONS G J. Authentication theory/coding theory[J]. Advances in Cryptology, Springer Berlin Heidelberg, 1985: 411-431.

[6] National Institute of Standards and Technology. Advanced Encryption Standard. FIPS PUB 197 [S]. Fedral Information Processing Standard Publication, 2001.

[7] PRENEEL B. New european schemes for signature, integrity and encryption: a status report Public Key Cryptography[J]. Springer Berlin Heidelberg, 2002: 297-309.

[8] GARFINKEL S. PGP: pretty good privacy[M]. America: O'Reilly Media, Inc. , 1995: 1-3.

[9] LEONG M, ChEUNG O, TSOI K, et al. A bit-serial implementation of the international data encryption algorithm IDEA [J]. Field-Programmable Custom Computing Machines, 2000 IEEE Symposium on. IEEE, 2000: 122-131.

[10] TAO B, WU H. Improving the biclique cryptanalysis of AES[J]. Information Security and Privacy. Springer International Publishing, 2015: 39-56.

[11] BLACK J, ROGAWAY P. A block-cipher mode of operation for

parallelizable message authentication [J]. Advances in Cryptology—EUROCRYPT 2002, Springer Berlin Heidelberg, 2002: 384-397.

[12] 冯登国, 吴文玲. 分组密码的分析[M]. 北京: 清华大学出版社, 2000: 5-6.

[13] 李瑞林. 分组密码的分析与设计[D]. 长沙: 国防科学技术大学, 2011: 20-25.

[14] SHANNON C E. Communication theory of secrecy systems[J]. Bell System Technical Journal, 1949, 28(4): 656-715.

[15] LUBY M, RACKOFF C. How to construct pseudorandom permutations from pseudorandom functions[J]. SIAMJ. Computer. 1988, 17(2): 373-386.

[16] DE C, TRIVIUM C: A stream cipher construction inspired by block cipher design principles[J]. Information Security. Springer Berlin Heidelberg, 2006: 171-186.

[17] KERCKOFFS A. La cryptographie militaire[J]. University Microfilms, 1978: 10-24.

[18] MATSUI M. Linear cryptanalysis method for DES cipher[J]. Eurocrypt. LNCS 765, Springer, 1993: 386-397.

[19] BIHAM E, SHAMIR A. Differential cryptanalysis of DES-like cryptosystems[J]. Journal of Cryptology, 1991, 2(3): 3-72.

[20] AOKI K, ICHIIKAWA T, KANDA M, et al. Camellia: A 128-bit block cipher suitable for multiple platforms-design andanalysis[J]. Selected Areas in Cryptography. 2000, Springer Berlin Heidelberg. 2012: 39-56.

[21] RADHAKRISHNAN R, KHARRAZI M, MEMON N. Data masking: a new approach for steganography[J]. Journal of VLSI Signal Processing, 2005, 41(3): 293-303.

[22] BLACK J, ROGAWAY P. Ciphers with arbitrary finite domains[J]. Topics in Cryptology-CT-RSA 2002, Springer Berlin Heidelberg, 2002: 114-130.

[23] 刘哲理, 贾春福, 李经纬. 保留格式加密技术研究[J]. 软件学报, 2012, 23(1): 152-170.

[24] LISKOV M, RIVEST R L, WAGNER D. Tweakable block ciphers[J]. Advances in Cryptology CRYPTO 2002, Springer Berlin Heidelberg, 2002: 31-46.

[25] ChANG, Donghoon, et al. Indifferentiable security analysis of popular hash functions with prefix-free padding [J]. Advances in Cryptology-ASIACRYPT 2006. Springer Berlin Heidelberg, 2006. 283-298.

[26] NADEEM, AAMER, M. YOUNUS J. A performance comparison of data encryption algorithms. Information and Communication Technologies, 2005 [J]. ICICT 2005. First international conference on. IEEE, 2005: 84-89.

[27] PATARIN J. Security of random Feistel schemes with 5 or more rounds [J]. Advances in Cryptology-CRYPTO 2004, Springer Berlin Heidelberg, 2004: 106-122.

[28] GRANBOULAN L, PORNIN T. Perfect block ciphers with small blocks [J]. Fast Software Encryption, 2007: 452-465.

[29] KNUTH D E. The art of computer programming: sorting and searching (Vol. 3)[M]. Britain: Pearson Education, 1998: 20-24.

[30] MORRIS B, ROGAWAY P, STEGERS T. How to encipher messages on a small domain: deterministic encryption and the thorp shuffle[J]. Advaces in Cryptology-CRYPTO 2009. Santa Barbara: Springer-Verlag, 2009: 286-302.

[31] BEBEK G. Anti-tamper database research: Inference control techniques [M]. Case Reserve University, Technical Report EECS, 2002: 433.

[32] ÖZSOYOGLU G, SINGER D A, ChUNG S S. Anti-Tamper Databases: Querying Encrypted Databases[J]. DBSec. 2003: 133-146.

[33] AGRAWAL R, KIERNAN J, SRIKANT R, et al. Order preserving encryption for numeric data[J]. Proceedings of the 2004 ACM SIGMOD international conference on management of data. ACM, 2004: 563-574.

[34] BOLDYREVA A, CHENETTE N, Lee Y, et al. Order-preserving symmetric encryption [J]. Advances in Cryptology-EUROCRYP 2009, Springer Berlin Heidelberg, 2009: 224-241.

[35] Boldyreva A, Chenette N, O' Neill A. Order-preserving encryption revisited: improved security analysis and alternative solutions[J]. Advances in Cryptology-CRYPTO 2011. Springer Berlin Heidelberg, 2011: 578-595.

[36] POPA R A, Li F H, ZELDOVICH N. An ideal-security protocol for order-preserving encoding. Security and Privacy (SP) [J], 2013 IEEE Symposium on. IEEE, 2013: 463-477.

[37] HWANG Y H, KIM S, SEO J W. Fast Order-Preserving Encryption from Uniform Distribution Sampling [J]. Proceedings of the 2015 ACM Workshop on Cloud Computing Security Workshop. ACM, 2015: 41-52.

[38] LIU Z, CHEN X, YANG J, et al. New order preserving encryption model for outsourceed databases in cloud environments[J]. Journal of Network and Computer Applications, 2014: 1-10.

[39] KADHEM H, AMAGASA T, KITAGAWA H. MV-OPES: multi valued-order preserving encryption scheme: a novel scheme for encrypting integer value to many different values[J]. IEICE Trans. Inf Syst, 2010, 939: 2520-2533.

[40] YUM D H, KIM D S, KIM J S, et al. Order-Preserving encryption for non-uniformly distributed plaintexts[J]. Information security applications. Berlin Heidelberg: Springer; 2012: 84-97.

[41] LEE S, PARK T J ,Lee D, et al. Chaotic order preserving encryption for efficient and secure queries on databases[J]. IEICE Trans Inf Syst, 2009, 92(11): 2207-2217.

[42] RIVEST R L, ADLEMAN L, DERTOUZOS M L. On data banks and privacy homomorphisms[J]. Foundations of secure computation, 1978, 4 (11): 169-180.

[43] AHITUV N, LAPID Y, Neumann S. Processing encrypted data[J]. Communications of the ACM, 1987, 30(9): 777-780.

[44] I F, J. D. A new privacy homomorphism and applications[J]. Information Processing Letters, 1996, 60(5): 277-282.

[45] GENTRY C. Fully homomorphic encryption using ideal lattices [J]. STOC. 2009(9): 169-178.

[46] VAN D M, GENTRY C, HALEVI S, et al. Fully homomorphic encryption over the integers[J]. Advances in cryptology-EUROCRYPT 2010, Springer Berlin Heidelberg, 2010: 24-43.

[47] CHEON J H, KIM J, LEE M S, et al. CRT-based fully homomorphic encryption over the integers [J]. Information Sciences, 2015, 310: 149-162.

[48] KRONMAL R A, PETERSON J, A. V. On the alias method for generating random variables from a discrete distribution[J]. The American

Statistician, 1979, 33(4): 214-218.

[49] FERGUSON T S. A characterization of the geometric distribution[J]. American Mathematical Monthly, 1965: 256-260.

[50] PHILIPPOU A N, GEORGHIOU C, PHILIPPOU G N. A generalized geometric distribution and some of its properties [J]. Statistics & Probability Letters, 1983, 1(4): 171-175.

[51] WILKS S. Mathematical Statistics[M]. New York: John Wiley&Sons. 1963: 21-29.

[52] GUENTHER, W C. The inverse hypergeometrica-a useful model[J]. Statistical Neerlandica, 1975. 29: 129-144.

[53] PICCOLO, D. Some approximations for the asymptotic variance of the maximum likelihood estimator of the parameter in the Inverse Hypergeometric random variable[J]. Quaderni di Statistica. 2001, 3: 199-213.

[54] D'Elia A, PICCOLO D. A mixture model for preferences data analysis[J]. Computational Statistics & Data Analysis, 2005, 49(3): 917-934.

[55] SHELDON R. A first course in probability[J]. India: Pearson Education, 2002: 40.

[56] GUPTA R D, KUNDU D. Exponentiated exponential family: an alternative to gamma and Weibull distributions[J]. Biometrical Journal, 2001, 43(1): 117-130.

[57] MILLER, GREGORY K, STEPHANIE L, Fridel. A forgotten discrete distribution reviving the negative hypergeometric Model[J]. The American Statistician, 2007(61): 347-350.

[58] López-Blázquez F, Salamanca-Mino, B. Exact and approximated relations between negative hypergeometric and negative binomial probabilities[J]. Hypergeometric and negative binomial probabilities. Communications in Statistics-Theory and Methods, 2001,30(5): 957-967.

[59] TEERAPABOLARN, K. On the Poisson approximation to the negative hypergeometric distribution[J]. Bulletin of the Malaysian Mathematical Sciences Society, 2011,34(2): 331-336.

[60] 戴朝寿, 候艳艳. 负超几何分布、负二项分布与 Poisson 分布之间的关系及广[J]. 南京大学学报: 数学半年刊, 2001, 18(1): 76-84.

[61] HU D P, CUI Y Q, Yin A H. An Improved Negative Binomial Approximation for Negative Hypergeometric Distribution[C]. 2nd International Conference on Mechanical Engineering, Industrial Electronics and Information, Chongqing, China,2013.9: 2549-2553.

[62] Hu D P. An improved negative binomial approximation with high accuracy to the negative hypergeometric probability for order-preserving encryption [J]. Journal of Difference Equations and Applications, 2017, 23(1-2): 88-99.

[63] KNOPP K, Theory and Application of Infinite Series [M]. London: Blaekie , 1990: 4.

[64] BEAN M A. Probability: the science of uncertainty with applications to investments, insurance, and engineering [J]. American Mathematical Soc. , 2001: 30-39.

[65] HU D P, YIN A H. Approximating the Negative Hypergeometric Distribution[J]. International Journal of Wireless and Mobile Computing, 2014, 7(6): 591-598.

[66] LING R F, PRATT J W. The accuracy of Peizer approximations to the hypergeometric distribution, with comparisons to some other approximations[J]. Journal of the American Statistical Association, 1984, 79(385): 49-60.

[67] STADLOBER E, ZECHNER H. The patchwork rejection technique for sampling from unimodal distributions[J]. ACM Transactions on Modeling and Computer Simulation , 1999, 9(1): 59-80.

[68] DIETER U. Mathematical Aspects of Various Methods for Sampling from Classical Distributions[J]. Proceedings of the 21st Conference on Winter Simulation, IEEE press, 1989: 477-483.

[69] JAIN G C, CONSUL P C. A generalized negative binomial distribution [J]. SIAM Journal on Applied Mathematics, 1971, 21(4): 501-513.

[70] HU D P, CUI Y Q, YIN A H, et al. Building a secure block ciper on small and non-binary domain [J]. China Communications, 2014 (11): 167-179.

[71] KRONMAL R A, PETERSON J A V. A variant of the acceptance-rejection method for computer generation of random variables[J]. Journal

of the American Statistical Association, 1981, 76(374): 446-451.

[72] SCHMEISER, BRUCE W, RAM Lal. Squeeze methods for generating gamma variates[J]. Journal of the American Statistical Association, 1980, 75(371): 679-682.

[73] STINSON D R. Cryptography: theory and practice[M]. American: CRC press, 2005: 4-30.

[74] FISHER A F, YATES F. Statistical Tables, London, 1938.

[75] PRYAMIKOV V. Enciphering with arbitrary small finite domains[J]. INDOCRYPT 2006, 2006: 251-265.

[76] SONG D X, WAGNER P, PERRIG P. Practical techniques for searches on encrypted data[J]. Proceeding of the 2000 IEEE Symp. on Security and Privacy, 2000: 44-55.

[77] BONECH D, CRESCENZO G D, OSTROVSKY R, et al. Public-Key encryption with keyword search[J]. Proc. of the Eurocrypt 2004, 2004: 506-522.

[78] OHTAKI Y P. disclosure of searchable encrypted data with support for Boolean Queries [J]. The 3th international conference on availability, reliability and security. 2008: 1083-1090.

[79] LIU Q, WANG G J, WU J. An efficient privacy preserving keyword search scheme in cloud computing [J]. International conferece on computational science and engineering, IEEE, 2009: 715-720.

[80] CZECH Z J, HAVAS G, MAJEWSKI B. An optimal algorithm for generating minimal perfect hash functions [J]. Information Processing Letters, 1992, 43 (5): 257-264.

[81] BELAZZOUGUI D, BOLDI P, PAGH R, et al. Monotone minimal perfect hashing[J]. Proceeding of the 20th Annual ACM-SIAM Symp. Discrete Algorithms, 2009: 785-794.

[82] WONG W K, ChEUNG D W, KAO B, Mamoulis N. Secure kNN computation on encrypted databases[J]. Proceeding of the 35th SIGMOD. International Conferece on Management of Data (SIGMOD 2009), 2009: 139-152.

[83] BONEH D, SAHAI A, WATERS B. Fully collusion resistant traitor tracing with short ciphertexts and private keys[J]. Eurocrypt 2006, LNCS

4004，2006：573-592.

[84] BONEH D，WATERS B. Conjunctive，subset，and range queries on encrypted data[J]. TCC 2007，LNCS 4392，2007：535-554.

[85] SHI E，BETHENCOURT J，CHAN THH，SONG D，PERRIG A. Multi dimensional range query over encrypted data[J]. 2007 IEEE Symp. on Security and Privacy，2007：350-364.

[86] WANG P H，LAKSHMANAN LVS. Efficient secure query evaluation over encrypted XML databases[J]. Proceeding of the 32nd International Conferece on Very Large Databases，2006：127-138.

[87] Hacıgümüş H，IYER B，MEHROTRA S. Efficient execution of aggregation queries over encrypted relational databases[J]. Proceeding of the 9th International Conference on Database Systems for Advanced Applications (DASFAA 2004)，2004：633-650.

[88] 黄汝维，桂小林，陈宁江,等. 云计算环境中支持关系运算的加密算法[J]. 软件学报，2015，26(5)：1181-1195.

[89] Hu D P，Yin A H. An Efficiently-Orderable Encryption in Cloud Computing[J]. WIT Transcations on Information and Communication Technololgies for education ，2014 58(I)：115-120.

[90] Hu D P，Yin A H. A Note for Order-Preserving Encryption based on Negative Hypergeometric Distribution[C]. 2014 International Conference on Materials Science and Computational Engineering，May,2014,Qingdao：926-930.

[91] BIHAM E，SHAMIR A. Differential Cryptanalysis of DES-Like Cryptosystems[J].CRYPTO1990,LNCS537,Springer，1991：2-21.

[92] BIHAM E，SHAMIR A. Differential cryptanalysis of the full 16-round DESP[J]. Crypto 1992，LNCS740，Springer，1993：487-496.

[93] BIHAM E，SHAMIR A. Differential cryptanalysis of the data encryption standard[M]. Germany：Springer Science & Business Media，2012：1-10.

[94] BIHAM E，SHAMIR A. Differential fault analysis of secret key crypto systems[J]. Crypto 1997，LNCS1294，Springer，1997 ：513-525.

[95] Curtmola R，Garay J，Kamara S，et al. Searchable symmetric encryption：improved definitions and efficient constructions[C]. Proceedings of ACM CCS，2006：79-88.

［96］ SMITH H，BRIGHTWELL M. Using datatype-preserving encryption to enhance data warehouse security［J］. NIST 20th National Information Systems Security Conference，1997：141-149.

［97］ BELLARE M，RISTENPART T，ROGAWAY P，et al.. Format-preserving encryption[J]. Selected Areas in Cryptography，Springer Berlin Heidelberg，2009：295-312.

［98］ CURTMOLA R，GARAY J，KAMARA S，et al.. Searchable symmetric encryption：Improved definitions and efficient constructions[J]. Journal of Computer Security，2011，19(5)：895-934.

［99］ 刘哲理，贾春福，李经纬. 保留格式加密技术研究[J]. 软件学报，2012，23(1)：152-170.

［100］ PANDEY O，ROUSELAKIS Y. Property preserving symmetric encryption［J］. Advances in Cryptology-EUROCRYPT 2012. Springer Berlin Heidelberg，2012：375-391.

［101］ LEE J，STEINBERGER J. Multiproperty-preserving domain extension using polynomial-based modes of operation［J］. Information Theory，IEEE Transactions on，2012，58(9)：6165-6182.

［102］ LEE J K，KOO B，ROH D，et al.. Format-preserving encryption algorithms using families of tweakable blockciphers［J］. Information Security and Cryptology-ICISC 2014. Springer International Publishing，2014：132-159.

［103］ KIM K，ChANG K Y. Performance analysis of format preserving encryption based on unbalanced-feistel structure［J］. Advances in Computer Science and Ubiquitous Computing. Springer Singapore，2015：425-430.

［104］ Boneh D.，Di Crescenzo G.，Ostrovsky R.，and Persiano G. Public key encryption with keyword search[J]. Advances in Cryptology-Eurocrypt. Springer Berlin Heidelberg，2004：506-522.

［105］ Kamara S，Lauter K. Cryptographic Cloud Storage[C]. Proceeding of Workshop on Real-Life Cryptographic Protocols and Standardization 2010，Microsoft Research.

［106］ Zhang Y. A chaotic system based image encryption scheme with identical encryption and decryption algorithm[J]. Chinese Journal of Electronics，

2017，26(5)：1022-1031. DOI：10.1049/ cje. 2017. 08. 022.

[107] Zhang Y，Tang Y J. A plaintext-related image encryption algorithm based on chaos[J]. Multimedia Tools and Applications，2017，DOI：10.1007/ s11042-017-4577-1.

[108] Liu Z，Chen X，Yang J，et al. New order preserving encryption model for outsourced databases in cloud environments[J]. Journal of Network and Computer Applications，2016，59：198-207.

[109] Yang C，Zhang W M，Yu N. Semi-Order Preserving Encryption[J]. Information Sciences，2017，38(5)：266-279.

[110] Cao N，Wang C，Li M，et al. Privacy-preserving multi-keyword ranked search over encrypted cloud data[J]. IEEE Transactions on Parallel and Distributed Systems，2014,25(1)：222-233.

[111] Cash D，Jarecki S，Jutla C，et al. Highly-scalable searchable symmetric encryption with support for boolean queries[C]. Advances in Cryptology-CRYPTO. Springer，2013：353-373.

[112] Xia Z，Wang X，Sun X，et al. A secure and dynamic multi-keyword ranked search scheme over encrypted cloud data[J]. IEEE Transactions on Parallel and Distributed Systems，2016，27(2)，340-352.

[113] Stefanidis K，Drosou M，Pitoura E. Perk：personalized keyword search in relational databases through preferences[C]. Proceedings of the 13th International Conference on Extending Database Technology (EDBT). ACM，2010：585-596.

[114] Farnan N L，Lee A J，Chrysanthis P K，et al. Paqo：a preference-aware query optimizer for PostgreSQL [C]. Proceedings of the VLDB Endowment，6(12)，2013：1334-1337.

[115] Goh E J. Secure indexes[OL]. Cryptology ePrint Archive，Report 2003/ 216，2003. http：// eprint. iacr. org/2003/216/.

[116] Chang Y C，Mitzenmacher M. Privacy preserving keyword searches on remote encrypted data[C]. Proceeding of the Applied Cryptography and Network Security. LNCS 3531，Berlin：Springer-Verlag，2004：391-421.

[117] Park H A，Kim B H，Lee D H，et al. Secure similarity search[C]. Granular Computing，2007. GRC 2007. IEEE International Conference on. IEEE，2007：589-598.

[118] Bringer J, Chabanne H, Kindarji B. Error-tolerant searchable encryption [C]. Communications, 2009. ICC'09. IEEE International Conference on. IEEE, 2009: 1-6.

[119] Li J, Wang Q, Wang C, et al. Fuzzy keyword search over encrypted data in cloud computing [C]. INFOCOM, 2010 Proceedings IEEE. IEEE, 2010: 1-5.

[120] Liu C, Zhu L, Li L, et al. A. Fuzzy keyword search on encrypted cloud storage data with small index [C]. Cloud Computing and Intelligence Systems (CCIS), 2011 IEEE International Conference on. IEEE, 2011: 269-273.

[121] Chuah M, Hu W. Privacy-Aware BedTree Based Solution for Fuzzy Multi-keyword Search over Encrypted Data [C]. Distributed Computing Systems Workshops (ICDCSW), 2011 31st International Conference on. IEEE, 2011: 273-281.

[122] Wang C, Ren K, Yu S, et al. Achieving usable and privacy-assured similarity search over outsourced cloud data [C]. INFOCOM, 2012 Proceedings IEEE. IEEE, 2012: 451-459.

[123] Kuzu M, Islam M S, Kantarcioglu M. Efficient similarity search over encrypted data [C]. Data Engineering (ICDE), 2012 IEEE 28th International Conference on. IEEE, 2012: 1156-1167.

[124] Wang J, Ma H, Tang Q, et al. Efficient verifiable fuzzy keyword search over encrypted data in cloud computing [J]. Computer Science and Information Systems, 2013, 10(2): 667-684.

[125] Wang B, Yu S, Lou W, et al. Privacy-preserving multi-keyword fuzzy search over encrypted data in the cloud. INFOCOM [C], 2014 Proceedings IEEE. IEEE, 2014: 2112-2120.

[126] Fu Z, Wu X, Guan C, et al. Toward efficient multi-keyword fuzzy search over encrypted outsourced data with accuracy improvement [J]. IEEE Transactions on Information Forensics and Security, 2016, 11(12): 2706-2716.

[127] 沈志荣, 薛巍, 舒继武. 可搜索加密机制研究与进展 [J]. 软件学报, 2014, 25(4): 880-895.

[128] 林柏钢, 吴阳, 杨旸, 等. 云计算中可验证的语义模糊可搜索加密方案

[J]. 四川大学学报（工程科学版），2014，6：001.

[129] 杨旸，杨书略，柯闽. 加密云数据下基于 Simhash 的模糊排序搜索方案 [J]，计算机学报，2017,40(2)：431-444.

[130] 李晋国，田秀霞，周傲英. 面向 DaaS 保护隐私的模糊关键字查询[J]. 计算机学报，2016,39(2)：414-426.

[131] 王恺璇，李宇溪，周福才，等. 面向多关键字的模糊密文搜索方法[J]. 计算机研究与发展，2017，54(2)：348-360.

基本符号

N：表示自然数集合。

R：表示实数集合。

Z_N：表示整数集合 $\{0,1,\cdots,N-1\}$。

$\{0,1\}^l$：表示长度为 l 的比特串集合。

$|D|$：表示有序集合 D 中元素的个数。

$\min(D)$：表示有序集合 D 中最小元素的下标。

$a \ll b$：表示 a 远远小于 b。

$\lfloor R \rfloor$：表示不大于 R 的最大整数。

$\perp$：出错标志。

$x \xleftarrow{\$} f$：如果函数 f 是一个随机（确定性）函数，则符号 $x \xleftarrow{\$} f$ 表示以输入 \$ 运行 f，并将结果赋值给 x 的操作。